设计师的好帮手

纸盒包装结构大全

一本包装设计师、平面设计师必备手册

吴飞飞　编著

上海人民美術出版社

作者简介：

吴飞飞

上海应用技术大学艺术与设计学院视觉传达系主任，教授
上海市教委重点学科视一平面艺术创新工作室负责人
从事平面设计教学二十多年，曾以交流学者的身份赴德国纽伦堡科技大学艺术设计学院进行学术交流和进修
2006 年，教授的"文字设计课程"被评选为"上海市精品课程"
平面设计作品《中西对话》获得德国 2012 传媒"红点奖"

图书在版编目（CIP）数据

纸盒包装结构大全：一本包装设计师、平面设计师必
备手册/吴飞飞编著． ——上海：上海人民美术出版社，
2019.1
（设计邦：设计师的好帮手）
ISBN 978-7-5586-1077-6

Ⅰ.①纸⋯ Ⅱ.①吴⋯ Ⅲ.①包装设计-手册②平面设计
-手册 Ⅳ.①TB842-62②J511-62

中国版本图书馆CIP数据核字（2018）第250377号

设计邦 设计师的好帮手
纸盒包装结构大全——一本包装设计师、平面设计师必备手册

编　　著：吴飞飞
责任编辑：孙　青　张乃雍
装帧设计：徐盛珉　李永腾
技术编辑：程佳华
出版发行：上海 人民美術出版社
　　　　　上海市长乐路 672 弄 33 号
　　　　　邮编：200040　电话：021-54044520
网　　址：www.shrmms.com
印　　刷：上海中华商务联合印刷有限公司
开　　本：889×1194　1/16　32.75 印张
版　　次：2019 年 1 月第 1 版
印　　次：2019 年 1 月第 1 次
书　　号：ISBN 978-7-5586-1077-6
定　　价：168.00 元

目 录
CONTENTS

Part I 纸盒结构设计概述

1. 包装结构 设计的功能

① 保护商品的功能

包装结构的合理性不仅在于防止商品遭受物理性的破坏，也包括防止各种化学性及其他方式的破坏。作为纸盒包装，它的结构最基本的功能应该起到防止商品被由外到内的损伤，还要防止其被由内到外的破坏。

② 运输商品的功能

这是包装最早被人们认识和运用的功能之一。包装按功能划分可以分为运输包装和销售包装。

运输包装

又称外包装，或称大包装。生产部门出于方便记数、仓储、堆存、装卸和运输的需要，必须把单体的商品集中起来，装成大箱，这就是运输包装。这种包装必须坚固耐用，不能使商品受损，并需要提高使用率，在一定的体积内合理地装更多的产品。由于它一般不和消费者见面，故较少考虑它的外表设计。

中包装，也属运输包装一部分（视用途而定），它是为了计划生产和供应，有利于推销、计数和保护内包装而设计的。如10包香烟为一条、8个杯子为一盒、6瓶啤酒为一箱等。一般设计比较简要、单纯。这要根据是否与消费者直接见面来确定设计。但在包装本身的制作上由于不是个体的小包装，因此，必须考虑制作结实。

销售包装

俗称小包装或内包装，是紧贴产品的、按一定的数量包装好的、直接进入市场与消费者见面的产品包装。它的特点是可直接在市场陈列展销，不需要重新包装、分配、衡量。消费者可以直接选购自己所需要和喜爱的商品。例如：化妆品、清洁剂、香水、烟酒、药品、保健品、糕点、糖果、礼品等等，这类产品包装从产品生产出来直至消费完毕始终起着保护、宣传、识别、携带、使用和体现产品个性、特性的作用，可让商品与消费者对话，联络沟通思想感情。所以，销售包装是本书探讨的主要对象，消费者往往以包装是否破损作为标准来鉴定商品是否完好。

③ 储藏商品的功能

这是包装结构设计的基本功能之一。

储藏功能主要体现在两个方面：首先是包装的结构设计要考虑有利于整合、储放。如包装结构要有一定的强度，可以使一定量的产品包装重叠放置，节省仓储空间，便于管理。结构科学合理的包装还可以起到在仓储期间，令包装内盛物在保质期内不变质、不损毁。

2. 纸质包装材料

现代包装所使用的材料十分广泛。对材料的选择要以科学性、经济性、适用性为基本原则。纸质材料是包装结构行业中使用最为普遍的，它所具有的既柔软又有韧性的特点为当今千奇百怪的包装结构提供了创造空间。相对于其他材料，它也是最适用于多种加工以及表面处理的。

由于纸质包装材料是商品包装的物质基础，因此，了解和掌握各种纸质材料的规格、性能和用途是很重要的，是设计好包装结构的重要一环。

常用的纸质包装材料有以下几种：

白板纸：有灰底与白底二种，质地坚固厚实，纸面平滑洁白，具有较好的挺力强度、表面强度、耐折度和印刷适应性，适用于做折叠盒、五金类包装、洁具盒；也可以用于制作腰箍、吊牌、衬板及吸塑包装的底托。由于它的价格较低，因此用途最为广泛。

铜版纸：分单面和双面二种。铜版纸主要采用木、棉纤维等高级原料精制而成。每平方米在30g至300g之间，250g以上称为铜版白卡。纸面涂有一层白色颜料、黏合剂及各种辅助添加剂组成的涂料，经超级压光，纸面洁白、平滑度高、黏着力大、防水性强，油墨印上去后能透出光亮的白底，适合用于多色套版印刷。印后色彩鲜艳，层次变化丰富，图形清晰。一般用于印刷礼品盒和出口产品的包装及吊牌。克度低的薄铜版纸适用于盒面纸、瓶贴、罐头贴和产品样本。

胶版纸：有单面与双面之别，胶版纸含少量的棉花和木纤维。纸面洁白光滑，但白度、紧密度、光滑度均低于铜版纸。它适用于单色凸印与胶印印刷，如信纸、信封、产品使用说明书和标签等。在用于彩印的时候，会使印刷品暗淡失色。它可以印刷简单的图形与文字后与黄版纸裱糊制盒，也可以用机器压成密瓦楞纸，置于小盒内作衬垫。

卡纸：有两种，白卡纸与玻璃卡纸。白卡纸纸质坚挺，洁白平滑。玻璃卡纸面富有光泽。

玻璃面象牙卡纸纸面有象牙纹路。卡纸价格比较昂贵，因此一般用于礼品盒、化妆盒、酒盒、吊牌等高档产品包装。

牛皮纸：牛皮纸本身灰灰的色彩赋予它朴实憨厚感。因此只要印上一套色，就能表现出它的内在魅力。由于它具有价格低廉、经济实惠等优点，设计师们都喜欢采用牛皮纸作为包装袋的材料。

艺术纸：这是一种表面带有各种凹凸花纹肌理的、色彩丰富的艺术纸张。它加工特殊，因此价格昂贵。一般只用于高档的礼品包装，增加礼品的珍贵感。

再生纸：它是一种绿色环保纸张，纸质疏松，初看像牛皮纸，价格低廉。由于它具备了以上的优点，世界上的设计师和产商都看好这种纸张。因此，再生纸是今后包装用纸的一个主要方向。

玻璃纸：有本色、洁白和各种彩色之分。玻璃纸很薄，但具有一定的抗张性，能和印刷相适应，透明度强、富有光泽。用于直接包裹商品或者包在彩色盒的外面，可以起到装潢、防尘作用。防潮玻璃纸还可以起到防潮作用。玻璃纸与塑料薄膜、铝箔复合，成为具有着三种材料特性的新型包装材料。

黄版纸：其厚度在1至3mm左右，有较好的挺力强度。但表面粗糙，不能直接印刷，必须要有先印好的铜版纸或胶版纸裱糊在外面，才能得到装潢的效果。多用于日记本、讲义夹、文教用品的面壳内衬和低档产品的包装盒。

有光纸：主要用来印包装盒内所附的说明书或裱糊纸盒用。

过滤纸：主要用于袋泡茶的小包装。

油封纸：可用在包装的内层，对易受潮变质的商品具有一定的防潮、防锈作用。常用于糖果饼干外盒的外层保护纸，用蜡容易封口和开启。对日用五金等产品则常常加封油脂作为贴体封，以防锈蚀。

字典纸：字典纸是一种高级的薄型书写用纸，具有纸薄、强韧、耐折、纸面洁白、质地紧密平滑、微微有点透明等特点，并有一定的抗水性能。主要用于印刷字典、经典书籍等页码较多、需随手携带的书籍。这种纸对印刷工艺中的压力和墨色有较高的要求。

毛边纸：它的纸质薄而松软，呈淡淡的黄色，具有较好的抗水性能和吸墨性能。毛边纸只适合单面印刷，主要用于古装书籍的印刷。

浸蜡纸：它的特点为半透明、不黏、不受潮，用于香皂类的内包装衬纸。

铝箔纸：用于高档产品包装的内衬纸，可以通过凹凸印刷，产生凹凸花纹，增加立体感和富丽感，能起到防潮作用。它还具有特殊的防紫外线的功能，耐高温，具有保护商品原味和阻气效果好等优点，可延长商品的寿命。铝箔还被制成复合材料，广泛应用于新包装。

箱板纸（又称瓦楞纸）：用途广泛，可以用作运输包装和内包装。根据瓦楞凹凸的大小，可分为细瓦楞与粗瓦楞。一般凹凸深度为 3mm 的是细瓦楞，常常作为防震直接用于玻璃器皿的挡隔纸。凹凸深度为 5mm 左右的是粗瓦楞纸。瓦楞纸非常坚固，但轻巧、能载重耐压，可防震、防潮，更便于运输。

护角纸板：一种新型包装材料，是以纸张和黏合剂为原料经特殊加工而成的多种形状的护角纸板，如 L 形、U 形、方形、环绕型和缓冲垫型等。具有无环境污染、可回收、增加包装强度等优点。另一个重要因素是它取代了造成环境污染的发泡塑料，同时可免去外包装纸箱。在金属板材及平板纸张包装中，传统包装由于因打包造成表面变形破损，影响商品的质量，而护角纸板可以有效地保护商品。在纸箱中放入护角纸板，可增强其抗压强度。

复合纸：通过特殊的加工工艺，把具有不同特性材料的优点结合在一起，成为一种完美的包装材料。它具有最好的保护性能，又有良好的印刷与封闭性能。复合材料的种类很多，如塑料与塑料复合，铝箔与塑料复合，铝箔、塑料与玻璃纸复合，不同纸张与塑料复合等等。

3. 纸盒包装的基本知识点

① 盒体各个部位的名称和相互关系

盒体是由各个零部件组合成立体形态出现在我们面前的。所以，了解纸盒盒体各个部位的名称将有利于我们的具体操作，它如同裁缝师傅制作服装，必须了解服装结构的各个部位一样，懂得包装的各个结构形态的名称，就能帮助我们在包装的各个基本零部件的基础上发挥想象力，创造出富有魅力的各种包装款式。

图1是一款最基本的盒型，称为直线型反插式纸盒。由这款样式入手了解纸盒各个部位的名称及相互关系所产生的尺寸。

图1中的标号为"1"的是指：纸盒的长度，也是纸盒的第一个尺寸。

图1中的标号为"2"的是指：纸盒的宽度，宽度是以面对盒体的那个面到它的对立面的那个尺寸，即纸盒的第二个尺寸。

图1中的标号为"3"的是指：纸盒的深度（或称为高度），是纸盒盛装物品深度的尺寸。

图1中的标号为"4"的是指：糊头，是纸盒成型面与面之间的交接黏合处，糊头的两个尽头处必须各向内倾斜收进15°，这样才能在糊盒后，不会防碍防尘翼的盖合。糊头的宽度一般在20mm以上，这样的尺寸才能起到一定的黏合牢固度，当然根据盒体的大小需要相应的调整，不能够套用到所有大小的盒体上。

图1中的标号为"5"的是指：插舌，是连接盒盖或盒底的那部分，它插入于盒体，是固定盒盖、盒底之用的。

目前，一般都采用摩擦式插舌，可以多次开合，而不至于损伤盒盖，对于需要多次开合的纸盒包装，都要考虑采用此种样式的插舌。插舌的肩是盒盖摩擦和受阻力的部分，肩的值越大，得到的摩擦力越多，一般5mm就可以了。另外插舌两端的外延通常采用弧形，它的半径通常为5mm，是插舌减去肩的尺寸。

图1中的标号为"6"的是指：公、母锁扣。公锁扣是在插舌锁扣锁合处，它应该小于母锁扣2mm，以确保锁合后的紧密度，母锁扣应该比公锁扣大2mm。锁扣的处理是否到位直接影响到包装闭合后对内盛商品的保护性能，通常学生对锁扣都不太重视，把关注点都放在包装的外形设计上。好的锁扣还可以保证商品在运输中的安全性，以及消费者拿到手后不至于把内盛物滑落在地。

图1中的标号为"7"的是指：防尘翼。它的作用既起到防止灰尘进入盒体，又可以增强盒体的承重力度，它是盒体不可缺少的重要组成部分。利用防尘翼还可以延展出许多惊人的固定内盛物的作用。

图2中的标号为"8"的是盒壁。如果盒体是双层的，并且采用立体感的形态，那么这个盒壁就要有厚度。这个厚度一般在8~10mm就可以，除非在特殊情况的需要下根据实际情况可以加宽厚度。另外双层盒壁的内壁的深度尺寸要减去自身纸盒纸张的厚度，这样才能够与外壁的深度吻合，反之，会产生不平实的效果。还有连接内壁的起固定作用的压舌，它的两端的尽头处要与糊头一样必须各向内倾斜收进15°左右（视纸张厚度而决定）。

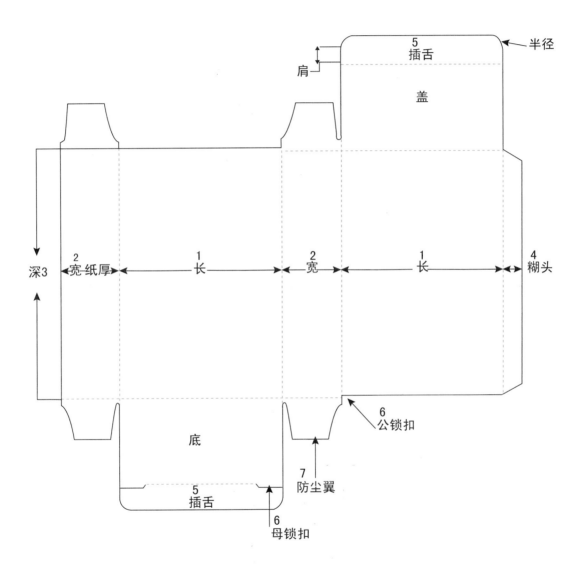

图 1

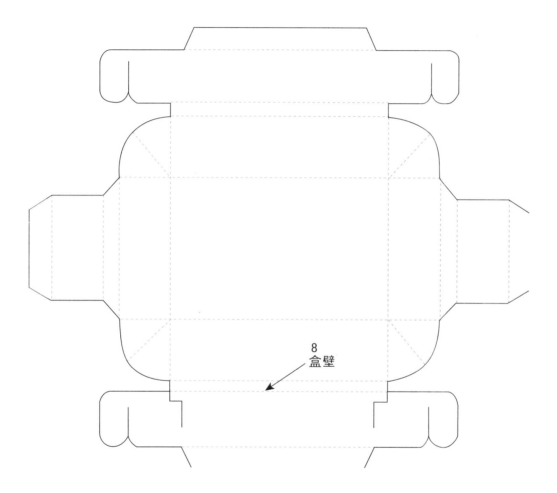

8
盒壁

图 2

各种折合线的样式及功能

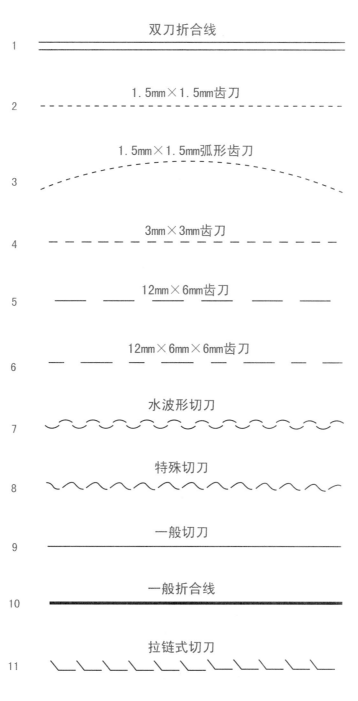

双刀折合线
1

1.5mm×1.5mm齿刀
2

1.5mm×1.5mm弧形齿刀
3

3mm×3mm齿刀
4

12mm×6mm齿刀
5

12mm×6mm×6mm齿刀
6

水波形切刀
7

特殊切刀
8

一般切刀
9

一般折合线
10

拉链式切刀
11

图 3

② 盒体折合线的样式和功能

如同服装的成型靠的是缝纫线，包装的成型靠的是折合线，这些折合线是要靠各种刀模的变化、切割、压轧产生的，明白并学会科学地运用这些知识将有效地实现各种盒体的造型姿态（图3）。

样式1为双刀折合线。当包装盒体某一部位需要有一个厚度时，比如前面所提到的双层盒壁，就需要用双刀一般的折合线。这种折合线的操作可以采用两片普通厚度的折线刀片轧出刀痕即可，中间留有盒体需要的厚度。

样式2~7可以称为齿刀或齿刀折合线。顾名思义，所谓齿刀就是在一条折合线中，切透纸张的刀痕与轧痕相互交错连成折痕状态。刀模切透的地方越多，折合起来就越轻快，但是纸张的拉力强度就降低，所以说齿刀除了能够减少折合的难度外，我们还可以把这个功能应用到需要方便撕开的纸盒包装上，如图中的水波纹切刀，波纹之间只保留着1mm的纸张未被切断。究竟多大的齿刀才恰当，这完全取决于包装盒设计的需要。

样式8是一种特殊的切刀，不太被常用，三角形状的切刀线之间只保留着0.8mm纸张未被切断。

样式9是最普通的切刀线，它的功能是将纸张切断。

图4

样式 10 是普通折合线，是采用一片没有刀锋的圆口钢片，经冲压后产生一条大约 2mm 宽的压痕线，即折合线。

样式 11 是我们常常提到的拉链式切刀，它的形态呈左右两个方向而成一对，保鲜膜盒和一些需要防潮的物品纸盒基本上都采用这个样式的切刀。撕拉时必须注意方向，这样才容易拉开（图 4）。

4. 纸盒包装结构的类型

纸盒包装的基本成型构造，是用一张纸将商品正确合理而有机能地包住。其方法是折叠、切割、接上或黏合，通过这些方法可产生无数形态的纸盒结构。尽管经过设计的纸盒结构丰富多彩，但最终纸盒包装都是以折叠压平的形态从印刷厂运往各个定货点，因此在设计的过程中始终要考虑成型后可以折叠存放的这个特点。从其制作行程和完成的结构上，大致上可以分为以下几种基本形态：

① 姐妹纸盒

姐妹盒是以两个或两个以上相同造型的纸盒在一张纸上折叠而成的，它的造型相映有趣、可爱、温馨，适合于盛放礼品和化妆品。

② 直线纸盒

直线纸盒结构简单，而且盛装效率高，所以，它被广泛应用于药品片剂类的包装。它的生产方法是将纸皮冲压出折痕，同时切除不需要的部分，然后通过机器或手工一边折叠一边将侧面相互粘起来。它具有在使用前能折叠堆放而节省堆放空间和运输方便等优点；从纸盒结构来看，生产成本低，也是被广泛使用的一个方面。但它有一个缺点：随着盒体高度的增加，当纸盒被竖起时，可能底部会由于内盛物过重而脱底，因此它的形体比较适合于稍为偏薄的结构。常见的有以下几种：

套桶式：没有盒的顶盖和底盖，单向折叠后成筒状。普遍套装在巧克力、糖果罐的外面。

插入式纸盒：它是直线纸盒的代表，由于两端的插入方向不同而分为直插式和反插式。直插式：盒的顶盖和底盖的插入结构（舌头）是在盒面的一块面上。反插式：盒的顶盖和底盖的插入结构（舌头）是在盒面、盒底的不同面上。

黏合纸盒：省却了插入式纸盒的插入结构，依靠黏合剂把上盖与盒体的延长部分黏合在一起。由于它少了插舌，在它的净面积里几乎没有因被切掉而浪费的部分，所以，它是一种最节约材料的纸盒结构。如果在它的底盖上设计成拉链式切刀，足够成为一款既坚固又防潮的食品包装盒。

锁底式纸盒：它是在插入式纸盒的基础上发展出来的，把插入式底盖改成锁定式的结构。由于它省却了黏合工艺以及能盛放较重的产品，如化妆品、酒、药品等立式的产品，因此深受欢迎。与插入式相比，同样尺寸体积的纸盒，由于它省却了底盖的插入结构，因此更节约材料。

③ 盘状式纸盒

盘状式纸盒的特点是具有盘形的结构，其实除了直线纸盒以外大多数包装都涵盖在此种结构中。盘状式纸盒用途很广，食品、蛋糕类点心、杂货、纺织品成衣和礼品都可以采用这种包装。它的最大优点是一般不需要用黏合剂，而是通过在纸盒本身结构上增加切口来进行拴接和锁定的方法，使纸盒成型和封口。盘状式纸盒从结构上进行区别可分为以下几种形态：

折叠式纸盒：盒身面积小的利用巧妙的折叠而不用黏合成型，具有便于运送和库存以及经济等优点。根据使用目的改变角的折叠构造，使纸盒的折法改变，同时可产生出单件式纸盒、双件式纸盒、摇盖式纸盒等。

双件式纸盒（又称天地盖托盘纸盒）：这是分别用两张纸做成的两个盘子：盖子和托盘两部分。这种结构自古就被使用，适合于所有的商品。

摇盖盒纸盒：这是用一张纸做成的，托盘和盖子连在一起的结构。适合于散装饼干、糖果、土特产等的打包。如果内盛物的深度很浅的话，可以把它发展为不用双层盒体，而又不需要黏合的小包装盒，既简单又节约了成本。

④ 异形纸盒

异形纸盒是由于折合线的变化而引起了盒的结构形态变化，产生了各种奇特有趣的造型。如：因在盒体的几个面上进行了开洞，从而产生了纸盒的形态的变化；改变纸盒本体部位的直线位子而产生的纸盒主体的方向变化；改变四方形纸盒的形态，并在盒体上增加折叠而产生的纸盒形态的变化；增加面的数量时，产生了多面体的变化。

⑤ 手提纸盒

手提纸盒是为了方便消费者携带的纸盒，它必须具有携带的合理性：简洁、容易拿、成本低、提携的把手要能承受得了商品的重量又不妨碍保管、可堆叠。最基本的形态有：纸盒与手提结构一体成型，装配时不用粘贴，手提的插入结构插入纸盒的某一部位，这样既坚固了纸盒，又因为纸盒内部被把手隔成前后两个空间，可利用这两个空间放入一对产品。根据这种基本结构，还可发展成异形手提纸盒。

⑥ 便利纸盒

便利纸盒随着流通方面的变化而发展的包装开封机能——易开式方法的结构已被广泛应用。由于单手就能操作取出内容物，所以被很多商品使用。目前有最基本的几种形态出现：

缝纫机刃：这是家喻户晓的最简单的开封形式，餐巾纸盒就是采用这种缝纫机刃。可以按照纸盒的用途和目的，以及纸盒本身纸张的厚度选择针孔的间距。

拉链：这种结构的形态应用的范围非常广，可以采用在纸盒的一个面上或围绕纸盒一周的切开方法，还可以考虑为开封性和再封性双全的结构。

管口：这是一种最优异的结构，在纸盒的某一部位剥开黏合处，作为倒出口，这种形态多用于食品液体类的容器包装，如牛奶、饮料类；或在盒体的某一部位打洞，作为倒出口或插入吸管。

⑦ 展开式纸盒

展开式纸盒是一种能使消费者很快找到自己想要的商品的、促进销售的、起宣传广告作用的 POP 纸盒。延长纸盒的部分壁板，使这延长部分既可以打洞悬挂，又可以为产品作广告用。另一种是连盖托盘体的结构，只要在盒盖上切上一条口子并连接上折合线，就能折叠成为立式形态的产品作为广告，又能展示产品。这种结构既简单又实惠，可以说是最好的成品。通过割开壁板或挖洞而起到容易取出商品，又能展示商品的功能。

⑧ 具有搁板结构的纸盒

具有搁板结构的纸盒是以保护产品为主要机能的，在采用折叠盒的基础上要考虑设计出各种形式的间壁、搁板架等把商品隔开。这对一些易碎商品而言是最有效的保护手段，同时在开启后也起到了展示效果，主要以最基本的两种形态出现：

延长纸盒的防尘翼，然后向内并相向折叠后，合并成搁板之形态。纸盒内部空间的变化是随防尘翼的折叠变化而变化的。

改变纸盒的一部分，使它具有搁板的功能。利用纸盒底部壁板的改变和利用纸盒防尘壁板的延长使其变成搁板。

5. 纸盒结构的选择

纸盒结构的选择，不仅要考虑形式与内容的统一、便于提携、便于陈列、生产的可能性等等，还得考虑盒身的结构要有一定的强度和承受能力等等技术上的问题。所谓强度包括纸盒上下的压缩强度，亦即堆积装有产品的纸盒时是否会压坏盒子的问题，以及产品是否会从内部往侧面压迫让盒子成鼓出状，或是由于承受不了产品的重量而漏底。

纸盒的强度是由选择的纸张和纸盒的形状来决定的。因此必须了解结构对压力的承受力，同时由于纸张的质与量、厚与薄也直接影响到纸盒的承受力。而形状与强度最有关系的是纸盒的角数，即使是相同的纸张，由于纸盒的角数增加，强度也随着增加。八角盒比六角盒、五角盒的抗压强度要高，也就是说在应用同样的纸张时，圆筒纸盒要比带角的纸盒抗压缩强度高，虽然圆筒纸盒在制作方面有许多的不便。

6. 印刷前必须 知道的事项

① 纸张会使颜色出现预想不到的偏差。设计师应该知道同样是白色的纸张，它们白色的程度不一，因此会影响到印刷色彩的变化。比如黄色印在了偏冷的白色纸张上会偏绿，印在偏暖的白纸上会偏红。特别是对于有色艺术纸的应用，更要谨慎，做到心中有数。另外质地疏松的纸张会更吸墨，印后会有色彩暗淡感。这就是说不同纸张的表面对油墨的吸收有多有少，甚至于同一张纸在不同的印刷机上印刷实际网点也不同。空气的湿度也会对纸张产生影响。一个优秀的设计师应该懂得如何运用纸的特性来增强设计效果，最后的效果是在油墨接触纸面的时候，创造性才能够真正地体现出来。

② 印刷不会改进摄影作品，通过制版、晒版、转印等只会使其细节更加模糊，颜色分配不均，压缩色调层次的数量等。因此摄影作品的选择必须注意三个基本原理：清晰度、颜色以及色调范围。如果摄影作品没有达到这三个基本要求宁愿不采用。但有时通过扫描可以改进摄影作品，如增加反差等，也不要忽略电子分色，通过分色时的特殊处理可以增加或削弱色彩反差度。

③ 要慎重考虑直接在摄影作品上印文字，如果一定要印的话，掌握一个有效的方法：在深度小于30%的照片上可以叠印文字，在深度大于30%的照片上可以反白字。另一个方法是避免应用细体或罗马体的字体来印刷小字，采用小黑体字直接印在照片上比较容易辨认。

④ 跨盒面的色彩改变是非常危险的，特别是对于尺寸比较大的、质量要求非常高的纸盒。即使在最好的情况下，压痕折叠也不会达到非常精确的程度。由于压痕稍有误差，当纸盒折叠时，会出现一个面的色块被折叠到了另一个面上。

⑤ 色彩原料的改变会改变画面的色彩，印刷油墨与桌面打印颜料是决然不同性质的原料。了解了这点，才能把握纸面印刷后的最终效果。

⑥ 不要惊呼印刷成品的色彩改变了计算机屏幕上显示的色彩，印刷色彩的依据是通过印刷色谱图录中的采样后，向计算机输入正确的数据为准的。

⑦ 对于高质量的包装纸盒，尽量不要采取对开以上的拼版印刷。因为胶印印刷是通过横跨整个印刷机组宽度的单个墨斗将油墨传送到转动着的墨辊上，每个墨斗被独立控制和工作，网点的增大是不可避免的，尤其是对于有大面积底色的包装盒，更难控制整个对开版面上左边与右边纸盒的色彩均匀度。

⑧ 对于一些通过四色套叠也不可能印出来的颜色，比如深红、艳紫以及荧光色等，应该考虑增添应用专用色印刷。对于实地版大面积的底色要采取二次印刷才能使底色均匀实地不露白，同时采取一些技巧使画面更丰富耐看，如对于黑色的实地版，可采取先印一套30%蓝色，然后再印实地黑色的方法，这样能使黑色更具厚实神秘感。要知道印刷机上用的黄色油墨几乎是透明的，不可能印出高浓度的黄色，必须考虑增加一些品红色，由此而增加了套色。

⑨ 贴膜能使画面增加厚实感，但会使画面的色彩稍稍变暗淡。

⑩ 印前打样通常采用铜版纸，由于不同的纸张与油墨接触后会产生不同的色彩效果，与产品实际用纸后的实样肯定稍有差别。如果希望在印前能得到一个准确的纸盒实样，应该采用产品的实际用纸打样，但这样做会增加费用。

7. 纸张的合理应用

为了便于生产、供应和符合印刷机的固定使用流程，用纸的规格有一个固定的标准。对于设计师来说应该熟悉这些规格，才能在设计时正确合理地应用纸张，这样才不会造成没有必要的浪费，做到最经济合理地利用纸张。在实际使用中，最常用的纸张开数尺寸分为正度纸张尺寸和大度纸张尺寸，如图5所示。合理地使用纸张，是设计师必须考虑的。印刷时所使用的机器一般有全开纸的车、对开纸的车和4开纸的车、小型16开纸的胶印车等。为了避免浪费，设计师在设计的时候就必须考虑令纸盒成品的大小尽可能符合或接近你将要决定采用以上何种机器时所对应的纸张开数。如果纸盒的大小只有16开或32开的话，必须把它们拼成所需要上机的开数上车，还必须在纸盒与纸盒之间留出6mm的切割线，也就是说按制版稿的毛尺寸拼版。

正 度 纸 张		大 度 纸 张	
开数	正度尺寸/mm	开数	大度尺寸/mm
全开	787×1092	全开	889×1194
2开	540×780	2开	580×880
4开	390×540	4开	440×580
6开	390×543	6开	422×581
8开	270×390	8开	290×440
16开	195×270	16开	220×290

图5

精明的设计师会给企业带来意想不到的收益。一个精明的设计师不但懂得怎样合理应用纸张，还必须像魔术师那样懂得如何套裁纸张。试想一下如果经过套裁有使原本印刷四只纸盒的4开纸上印刷五只纸盒的可能，那将会避免多少浪费？对于长期使用的产品包装将给企业带来更可观的收益。图6

就是巧妙地利用纸盒的顶盖与底盖的相互插入，以及借用插舌部位进行套裁而充分利用了纸张。

印工常常是由印数来决定的，一般以 5000 张纸在机器上转一次为一个印工（不到 5000 算 5000 的原则），四个颜色转四次为四个印工。纸张的大小是以上机的开数为准，不是以纸盒的大小为准，4 开上机与对开上机的印工基本上是一样的。由此，就能根据印刷的数量来合理地选择 4 开还是对开上机更经济节约。如果设计师能把一些由四色套印的色块设计成由专色一次印刷的话那就降低了印工成本，节约了开支；也可以应用一套色或二套色设计出既节约成本又精彩的画面，对于这种设计方法有很多作品可供借鉴。

对于面积大的专色色块和面积大的实地色块，由于需要二次印刷，印工得算二套色。印金或银色印工也是算二套色。烫金、银、彩色金箔和轧凹凸印工一般算三套色，但是，是根据烫金的面积来计算的。因此设计师在设计画面的时候为节约成本起见，尽可能不要把烫金的部位与部位之间设计得太分散。例如：盒面上的烫金部位与盒背上同时有烫金的部位，并且二个部位又相距很远，由于烫金时是一起烫下来的，这样烫金面积也随之增加了，并且增加了印刷成本。

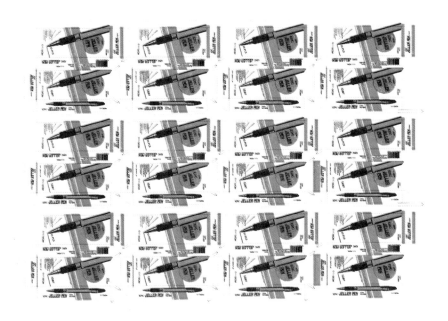

图 6

Part Ⅱ 纸盒包装结构图与效果图

姐妹纸盒

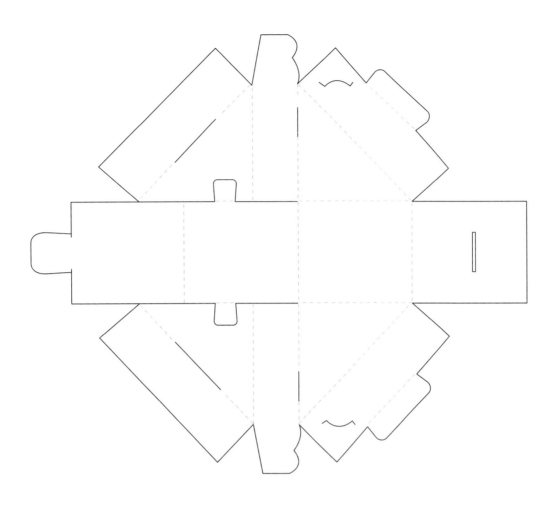

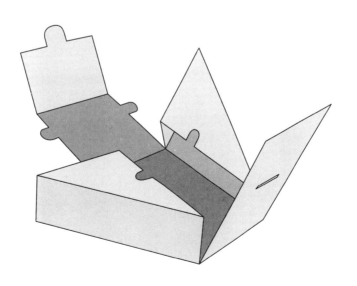

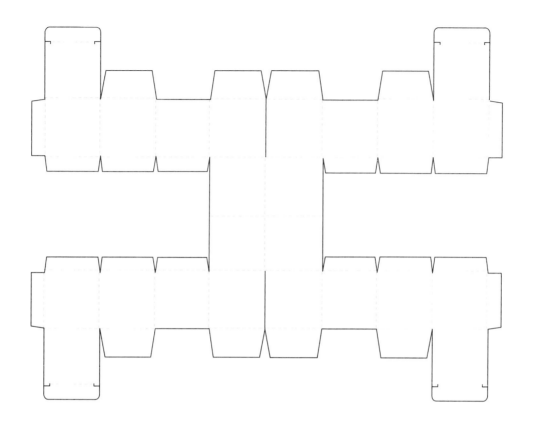

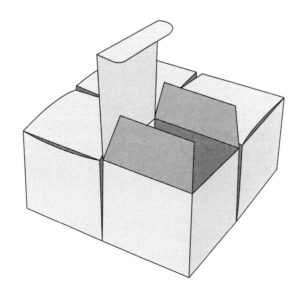

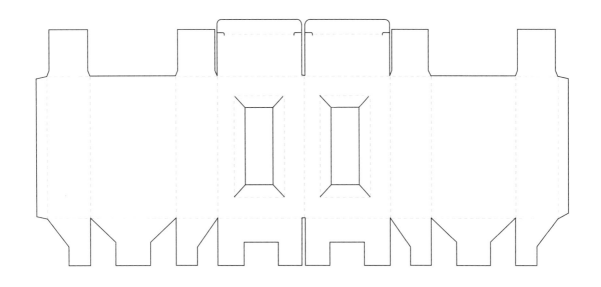

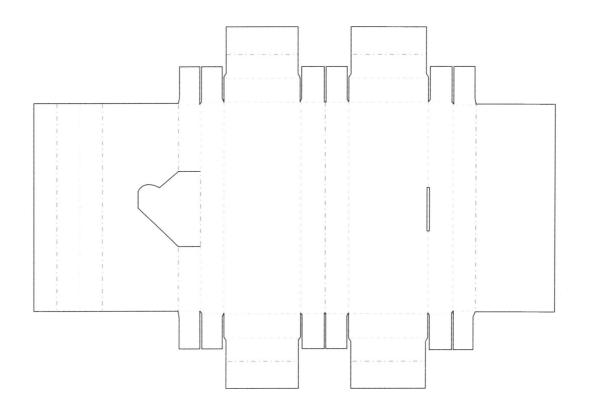

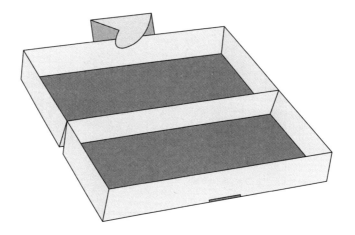

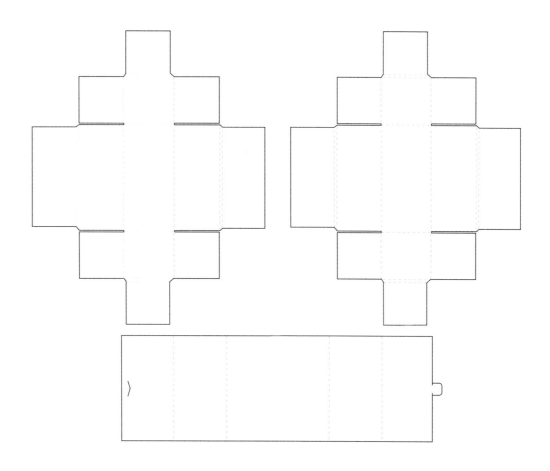

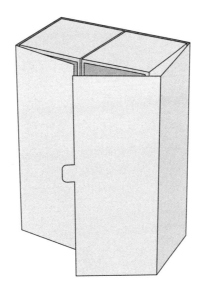

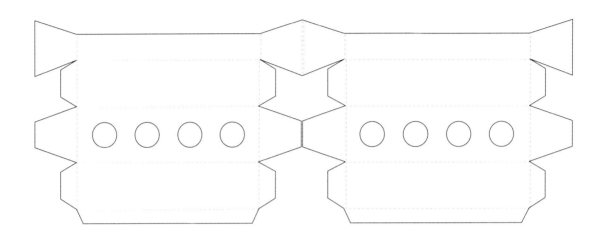

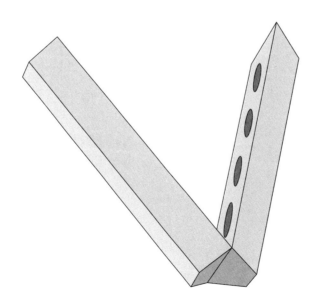

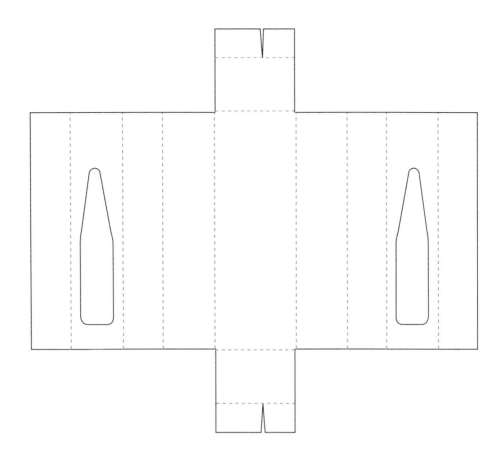

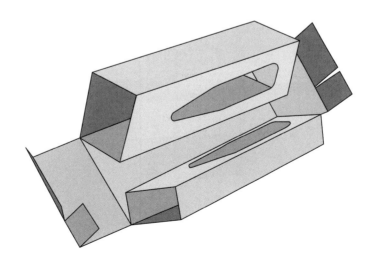

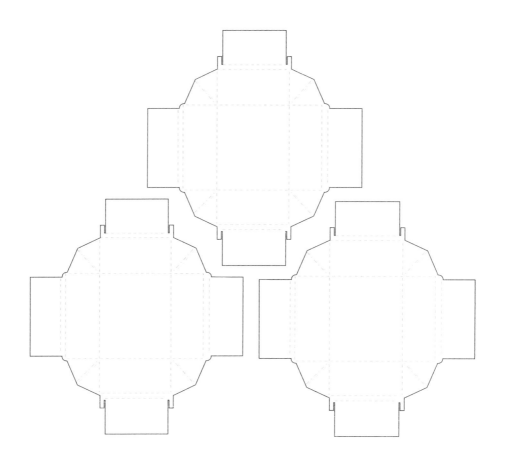

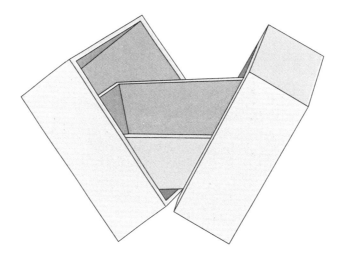

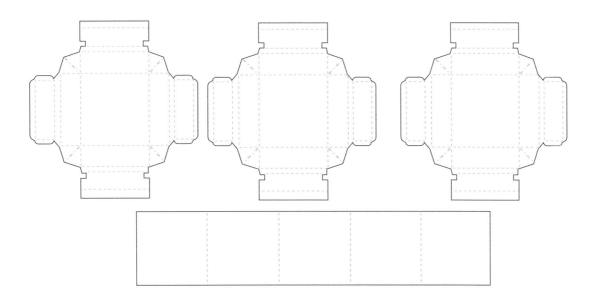

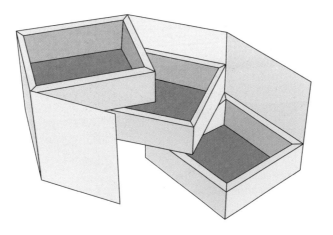

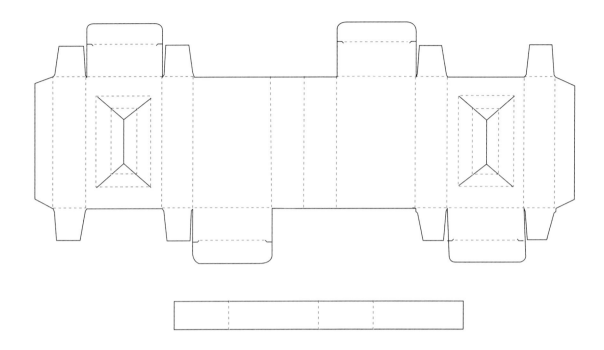

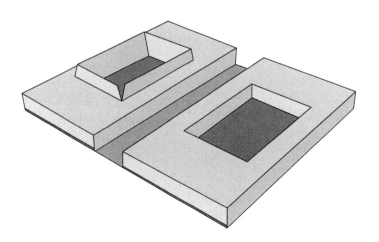

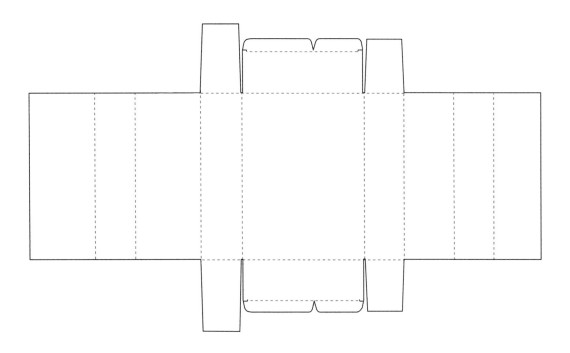

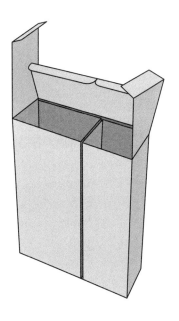

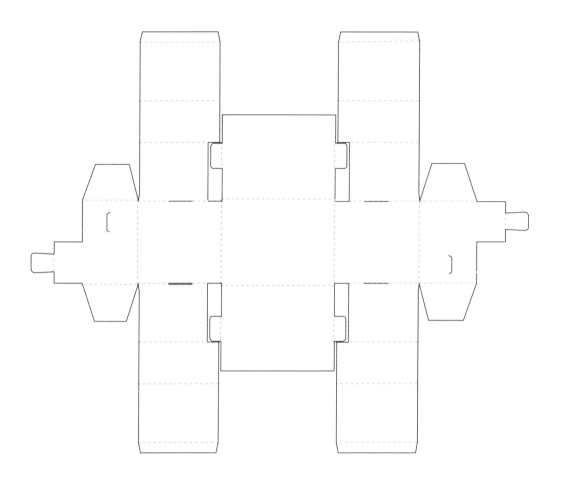

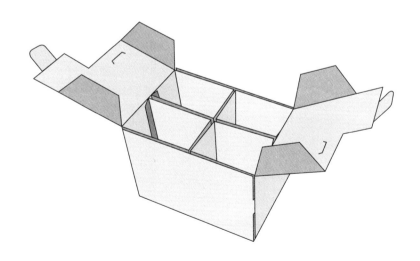

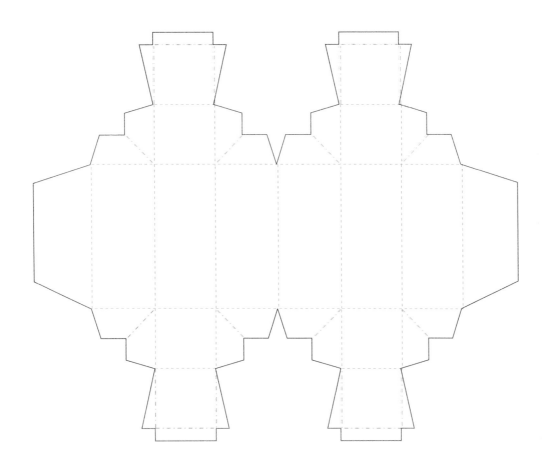

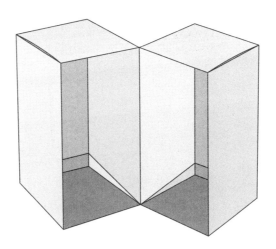

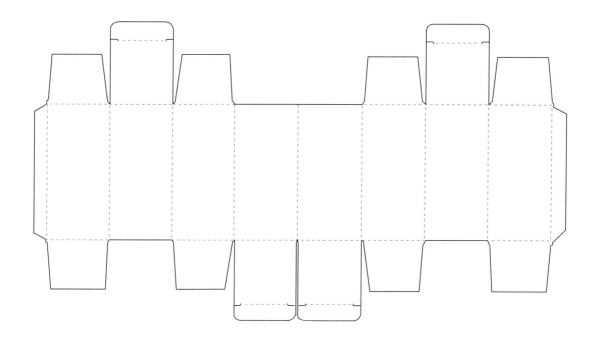

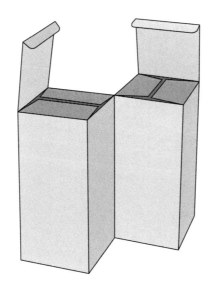

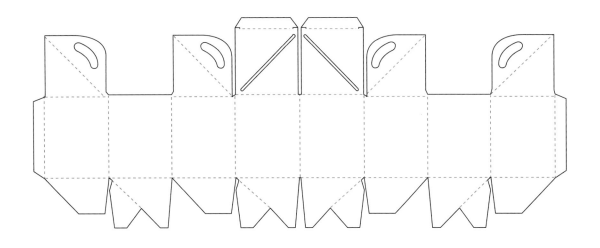

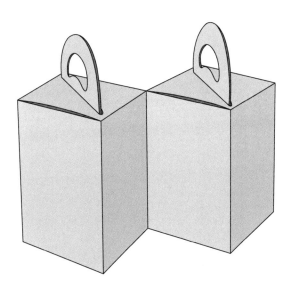

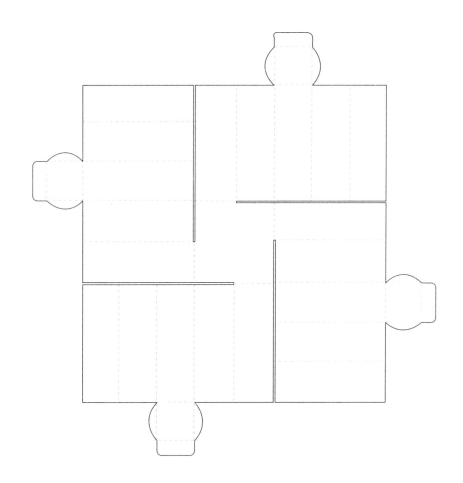

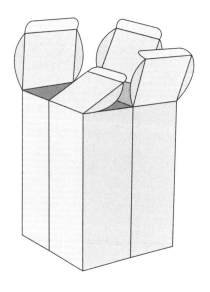

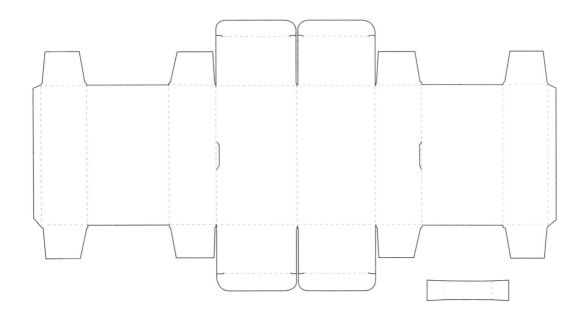

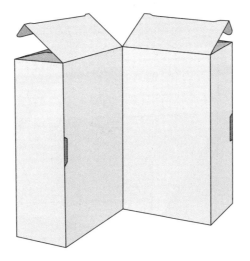

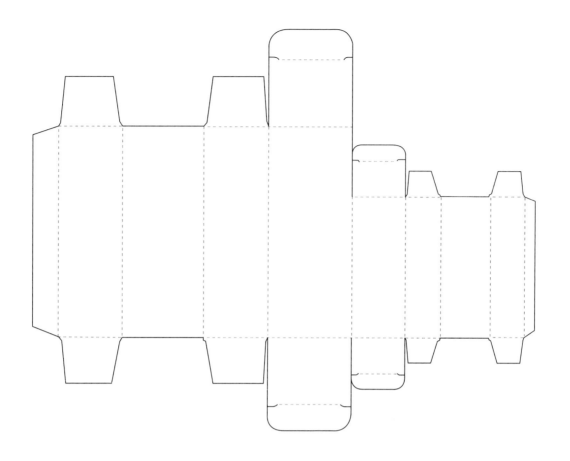

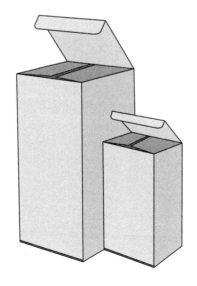

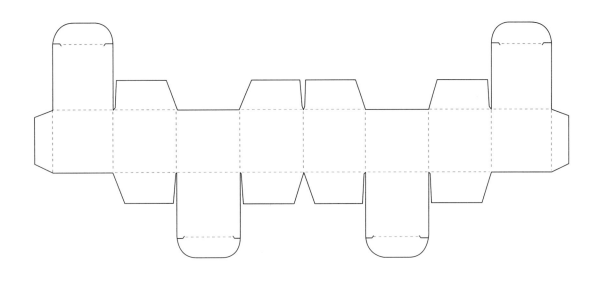

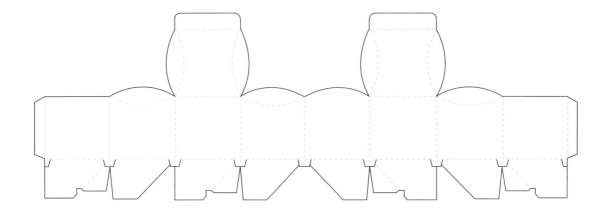

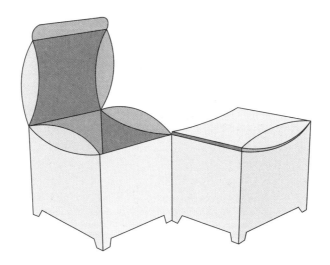

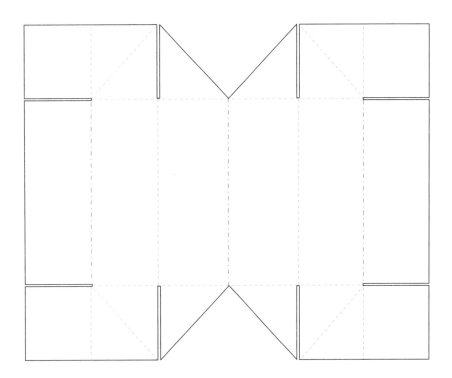

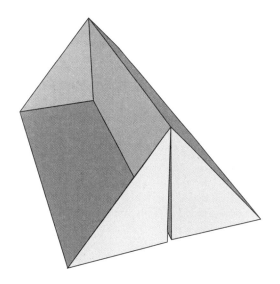

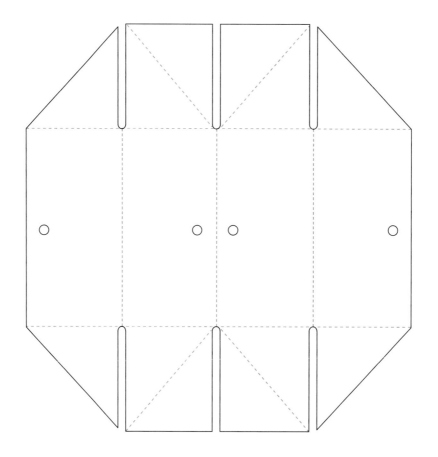

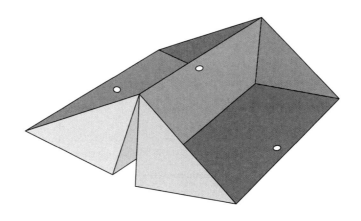

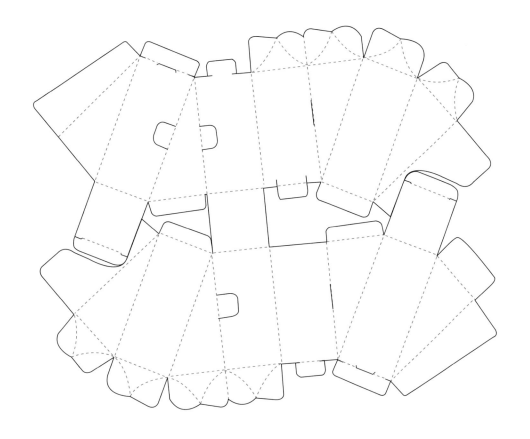

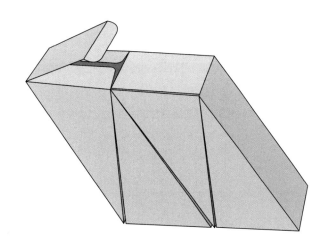

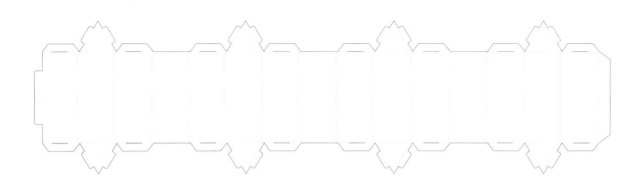

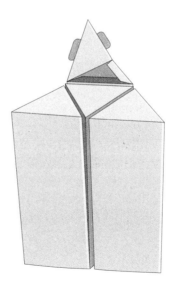

直线纸盒

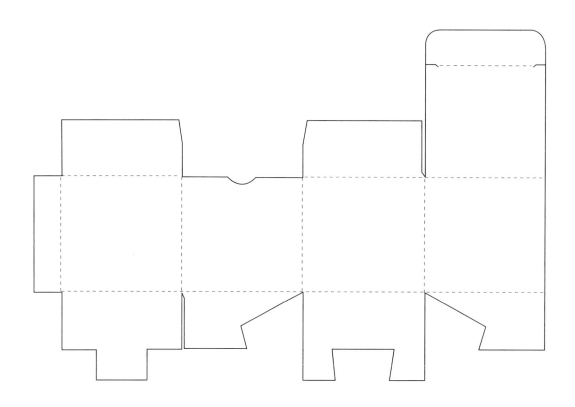

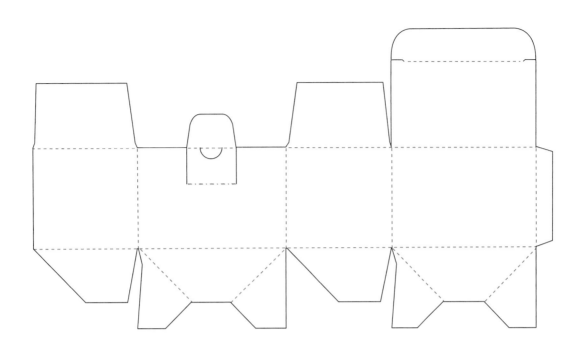

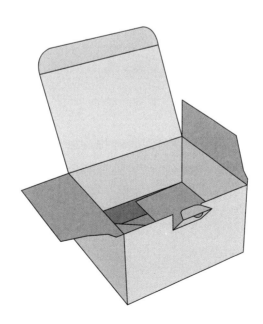

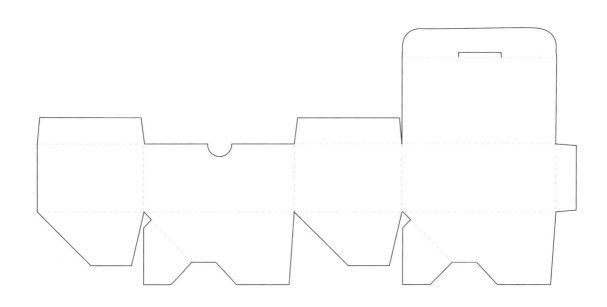

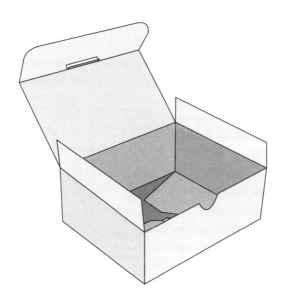

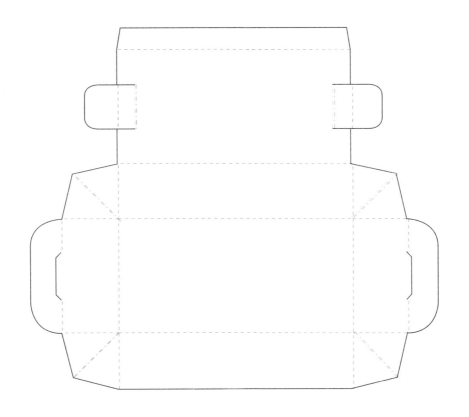

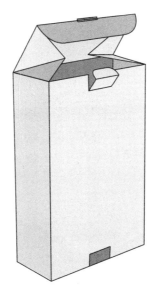

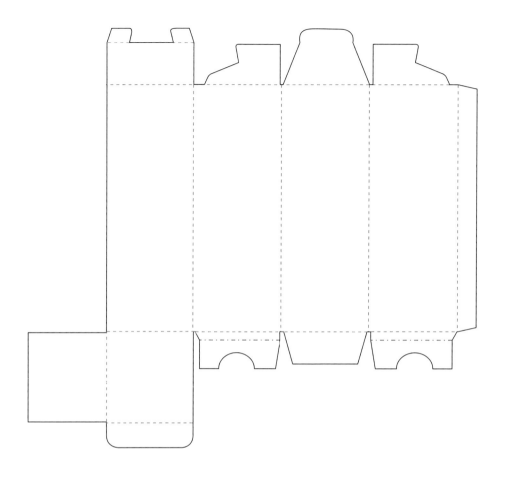

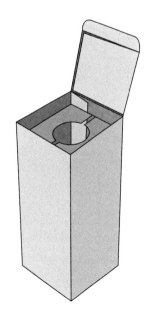

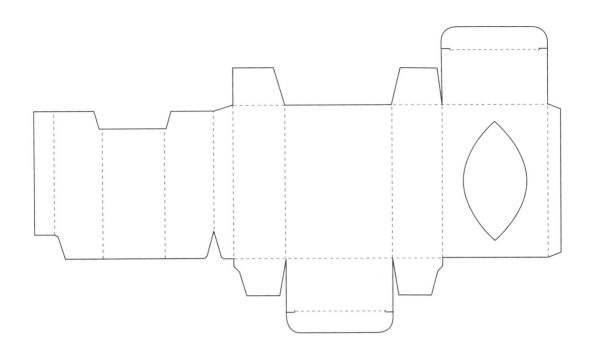

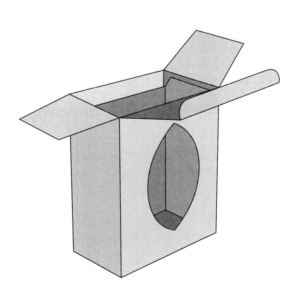

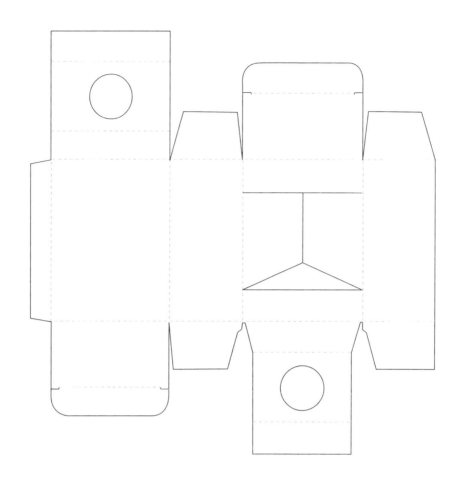

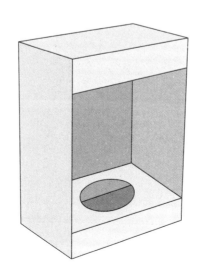

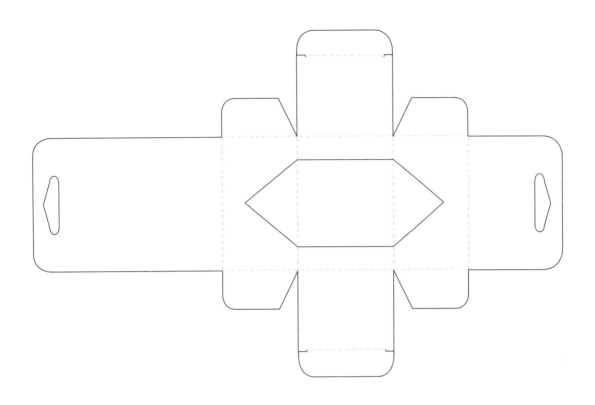

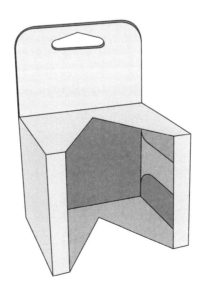

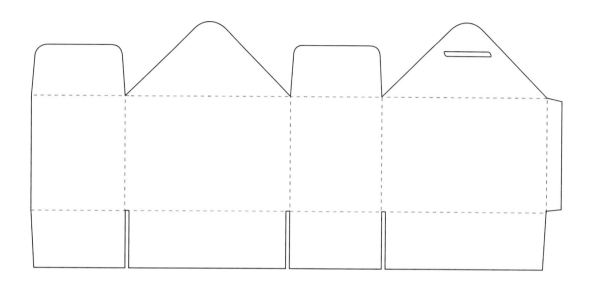

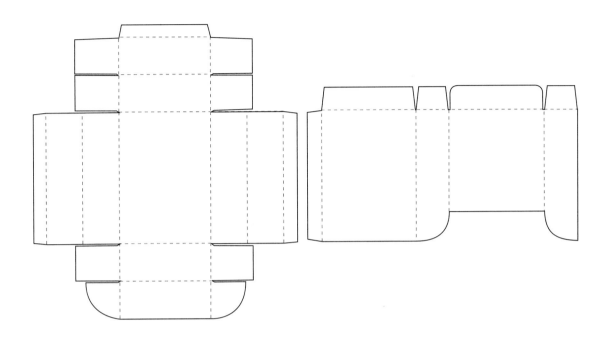

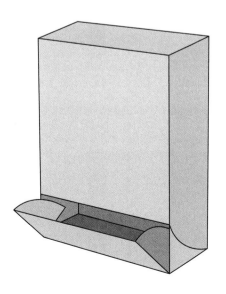

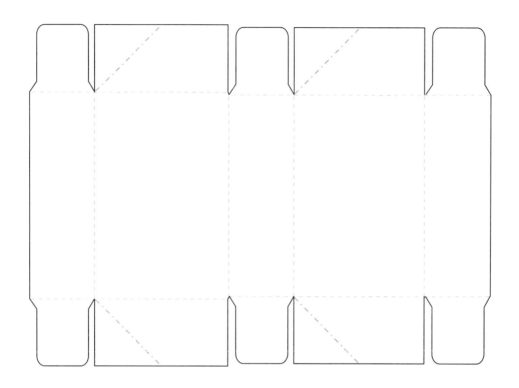

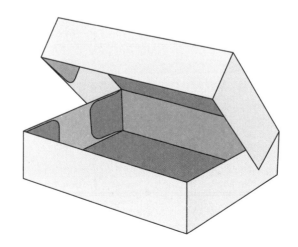

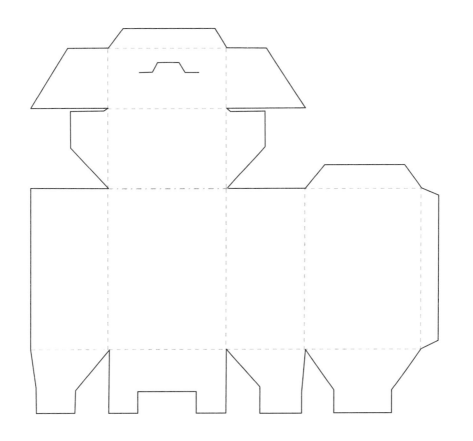

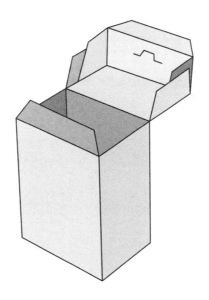

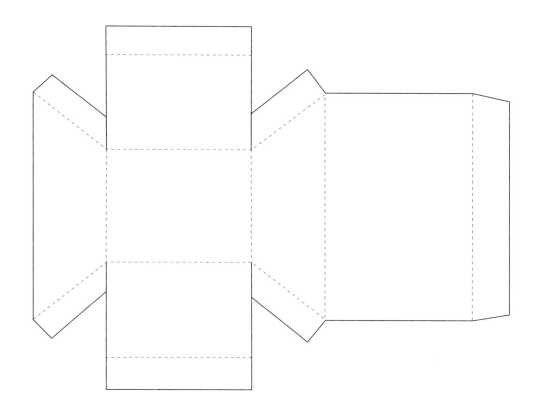

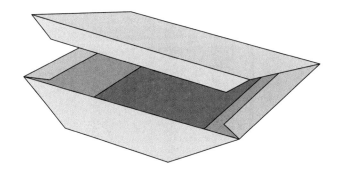

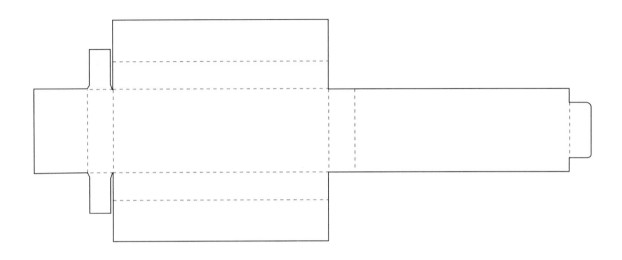

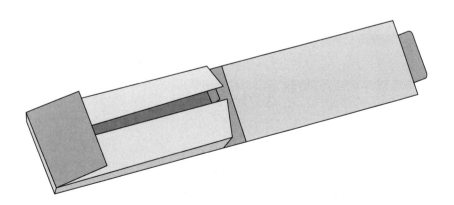

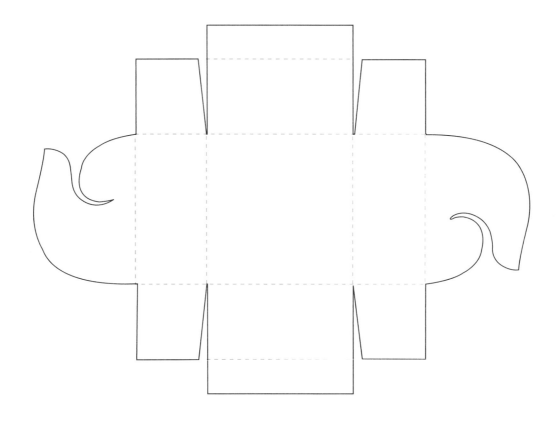

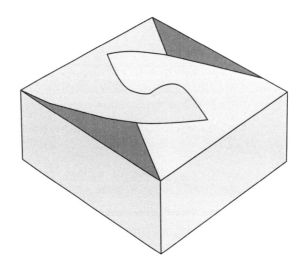

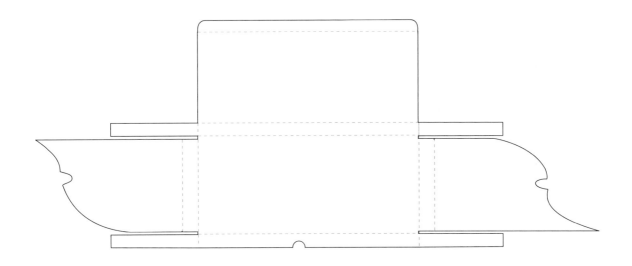

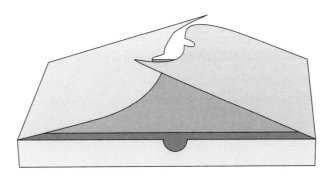

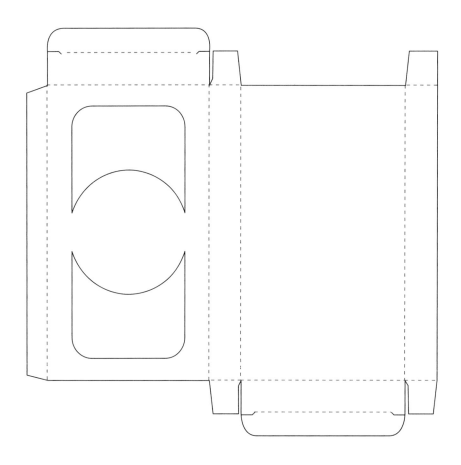

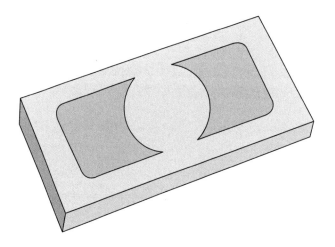

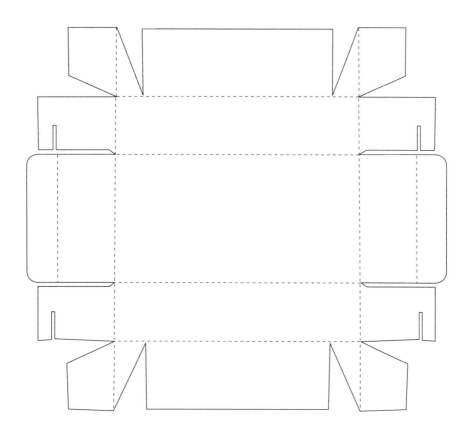

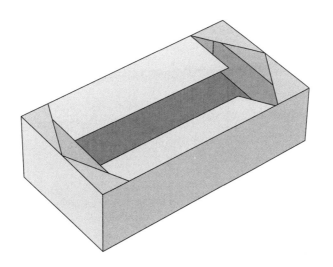

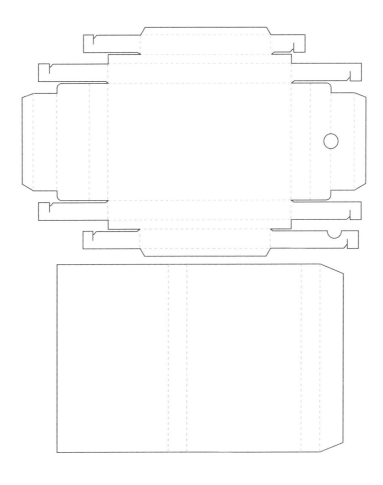

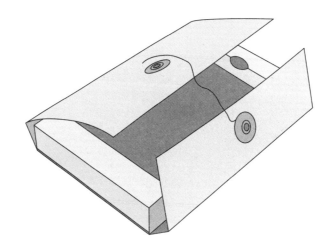

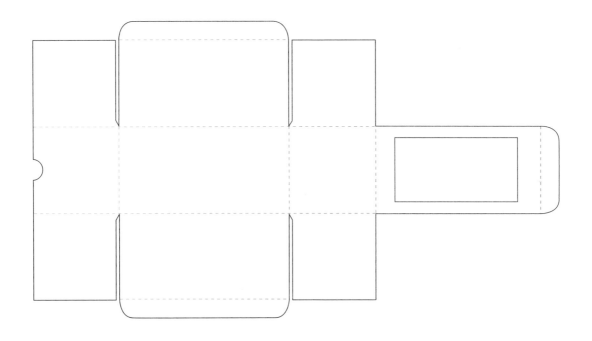

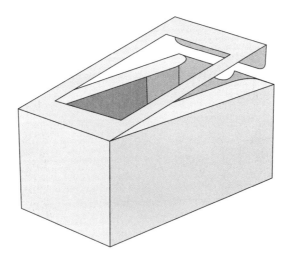

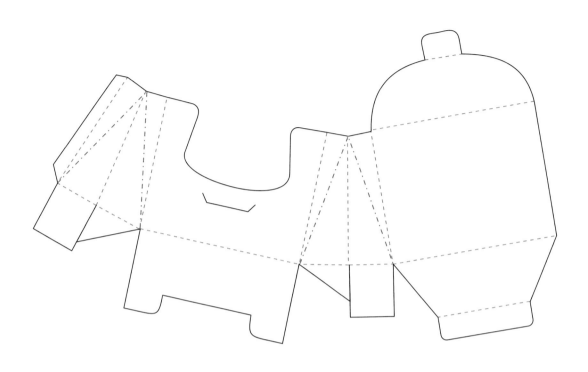

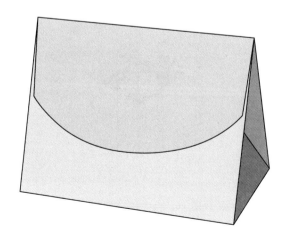

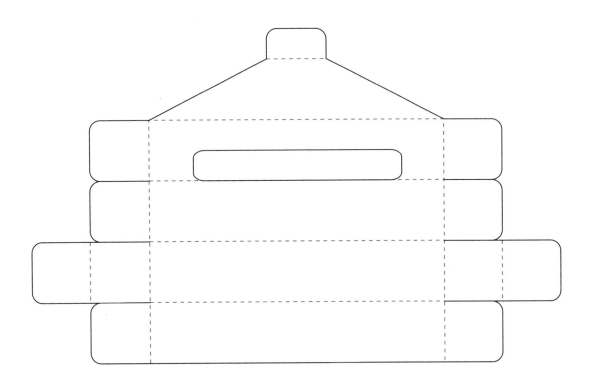

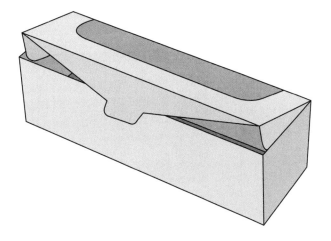

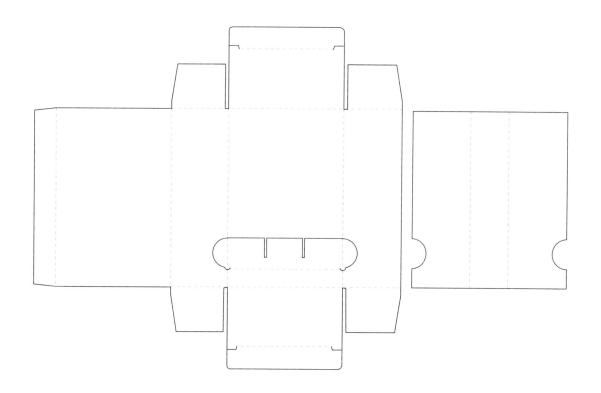

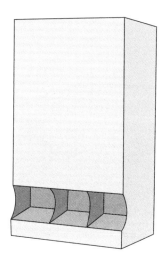

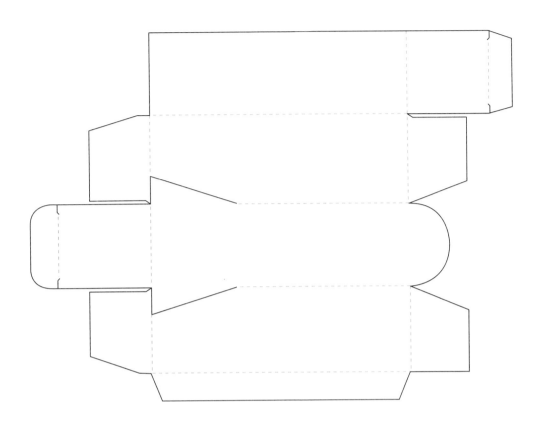

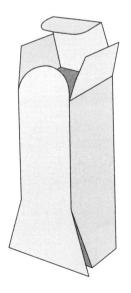

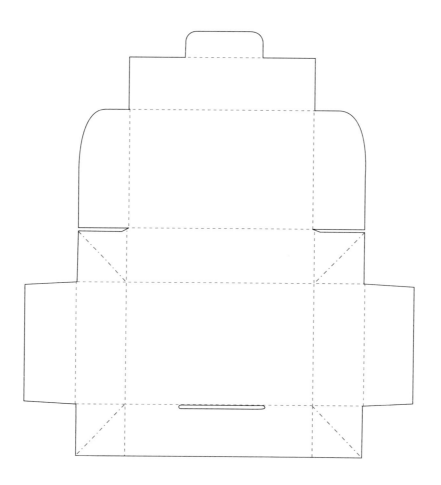

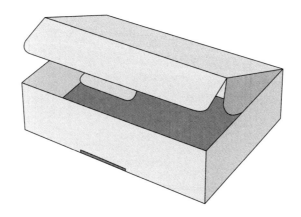

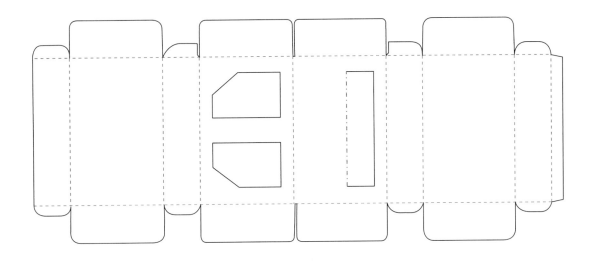

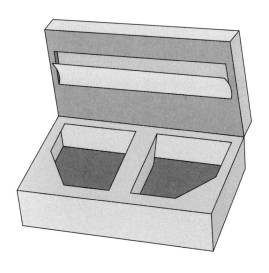

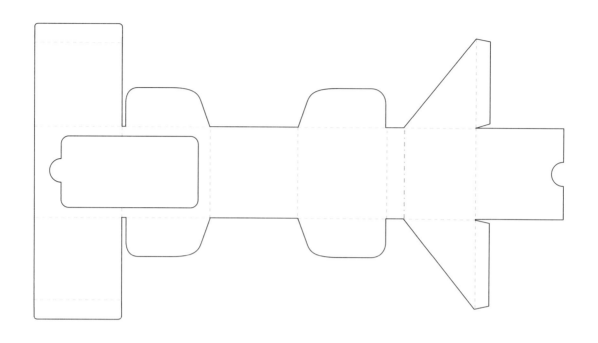

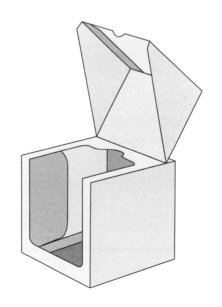

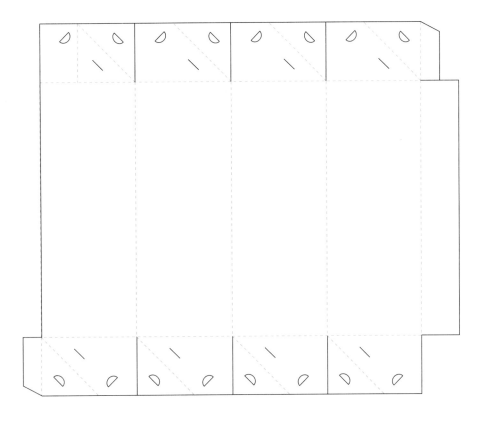

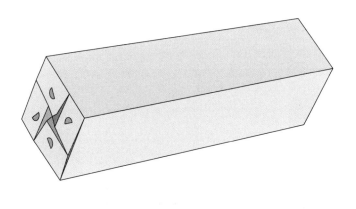

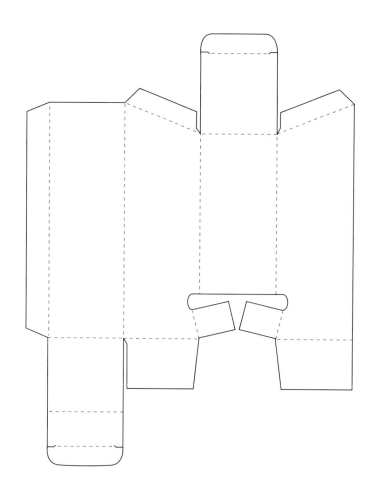

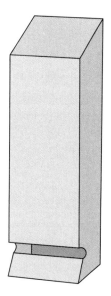

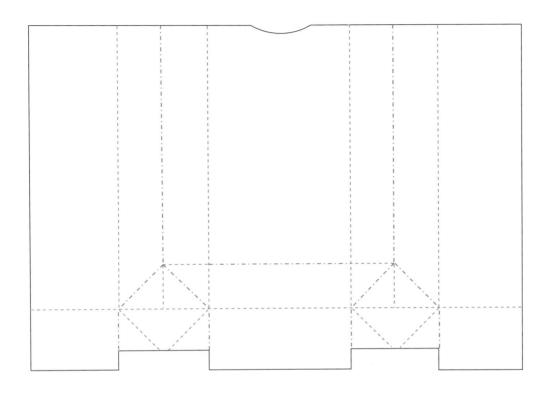

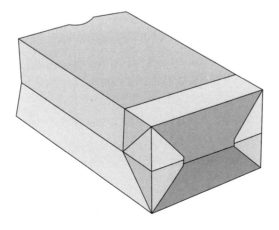

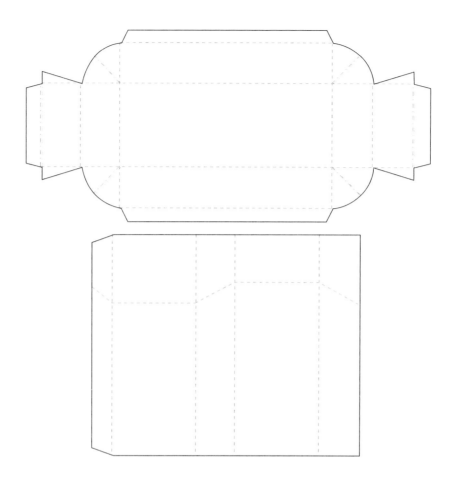

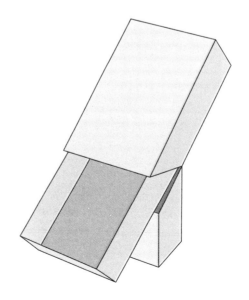

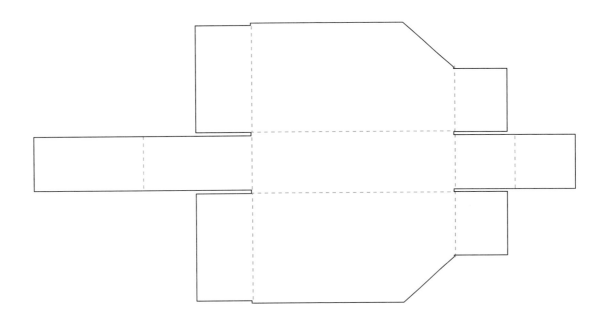

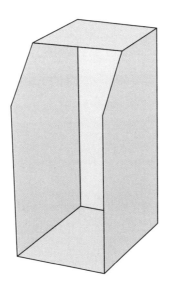

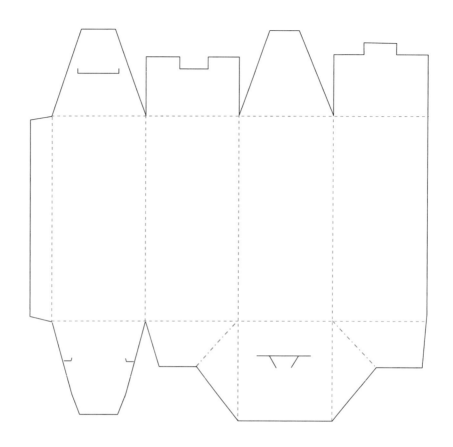

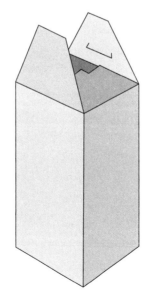

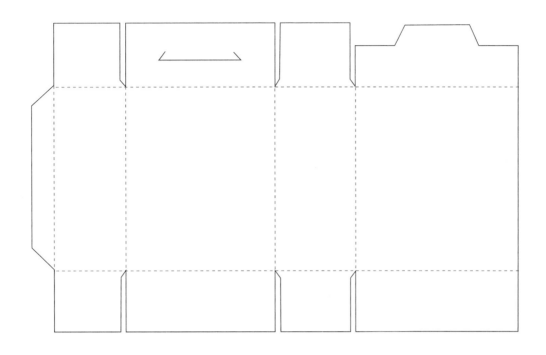

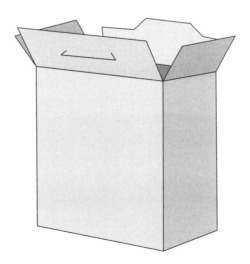

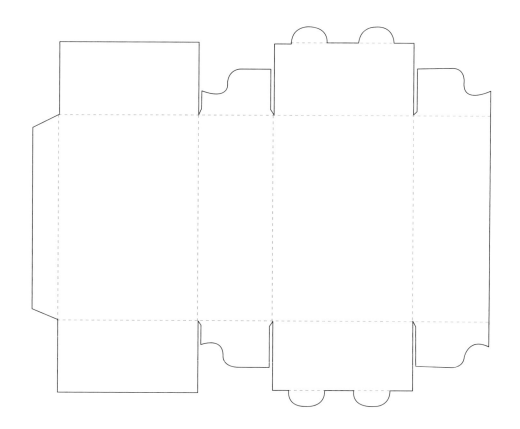

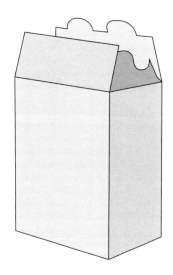

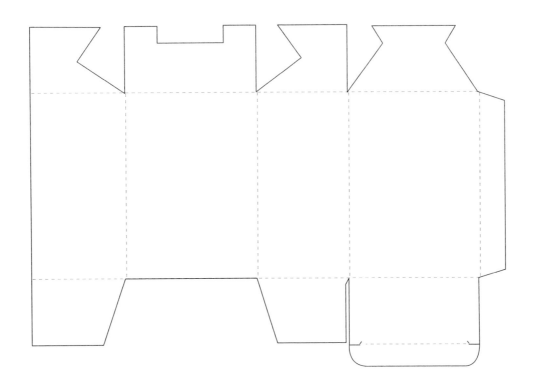

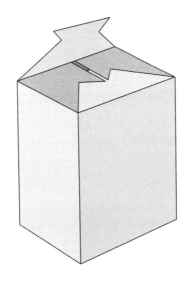

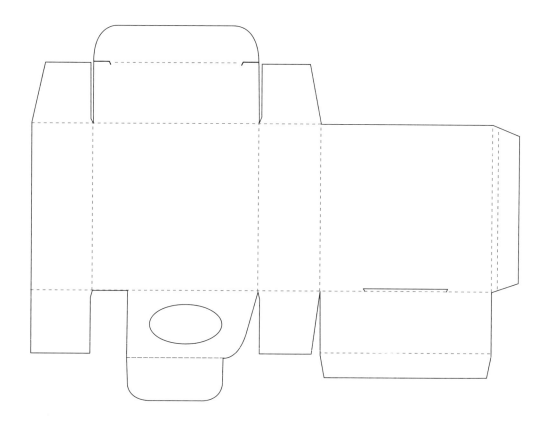

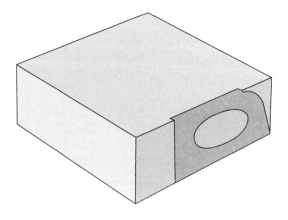

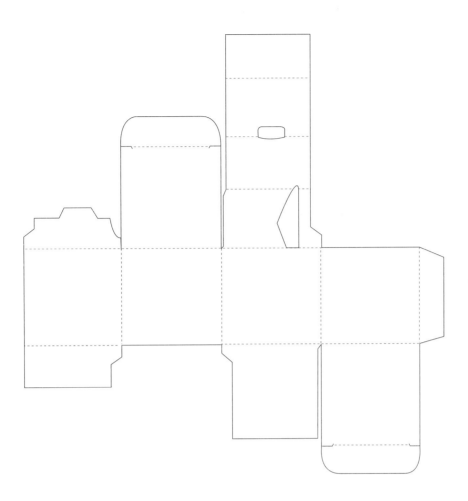

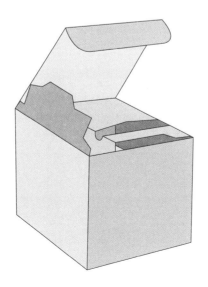

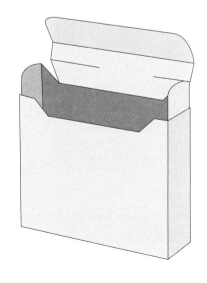

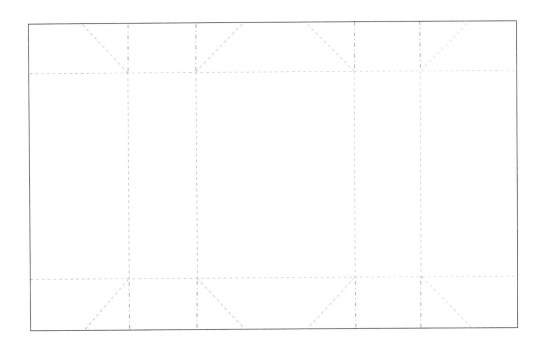

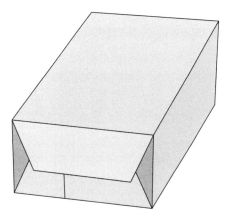

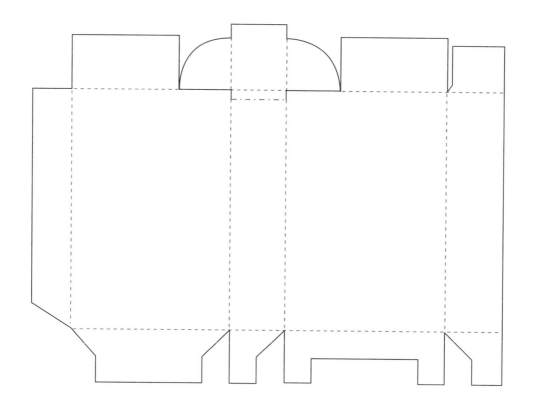

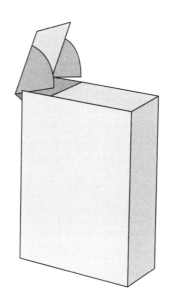

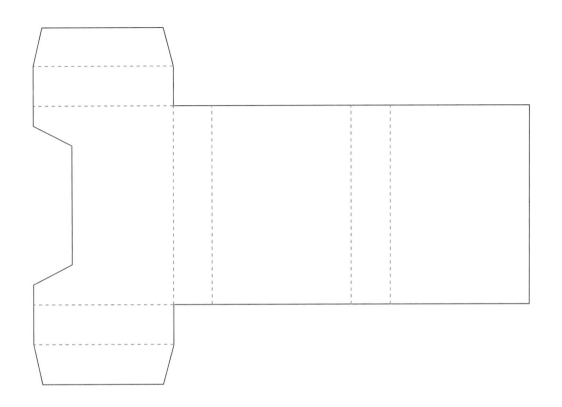

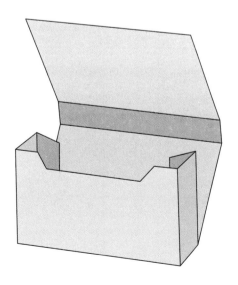

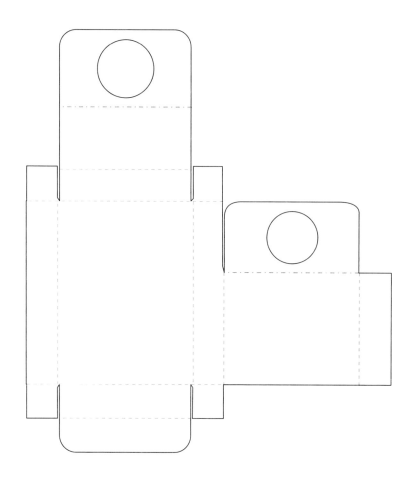

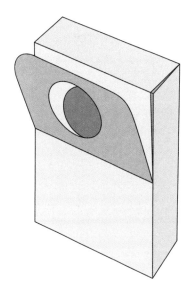

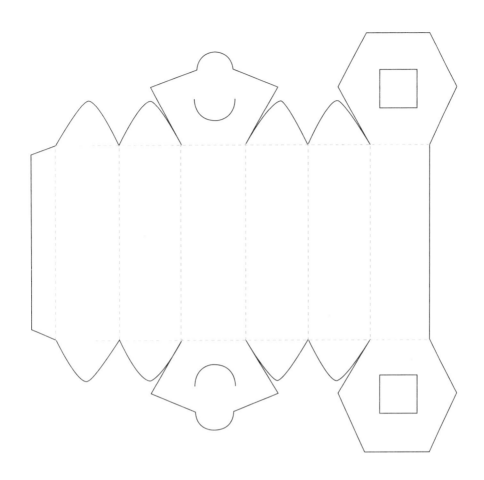

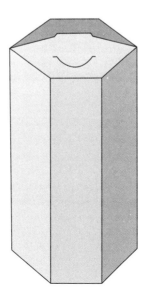

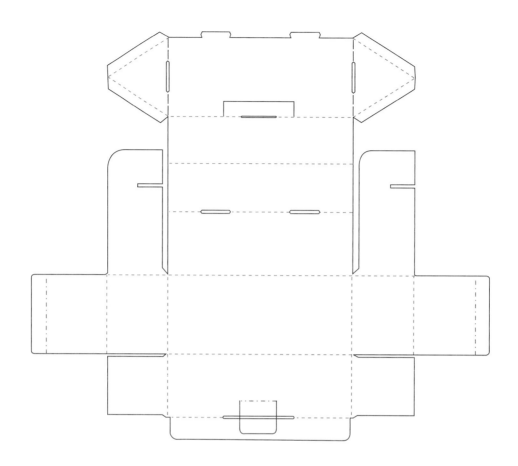

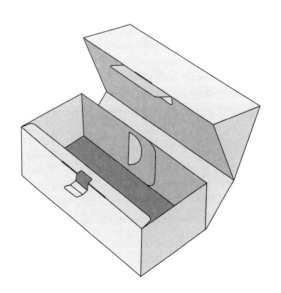

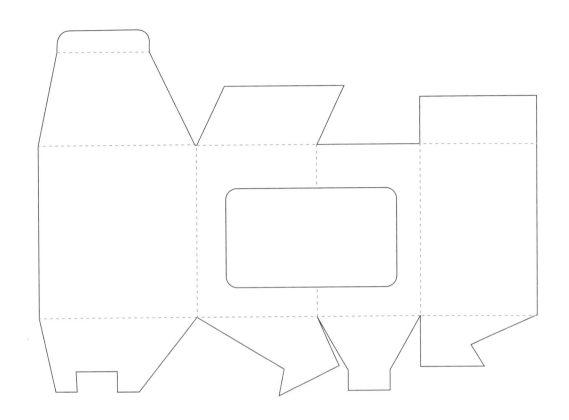

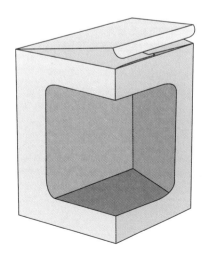

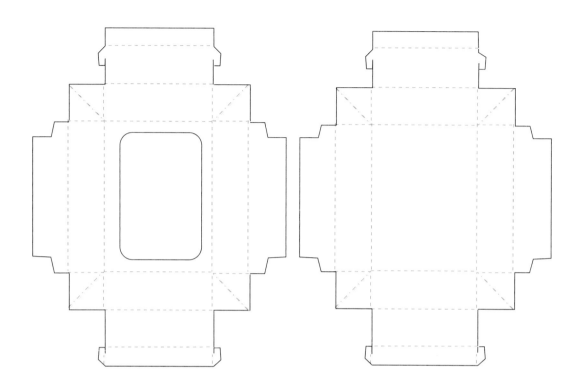

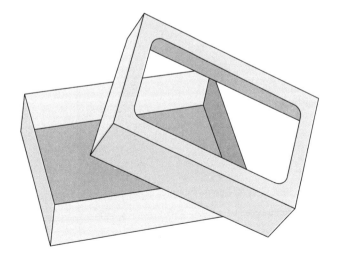

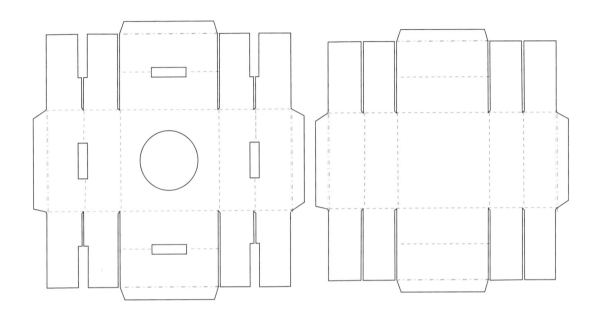

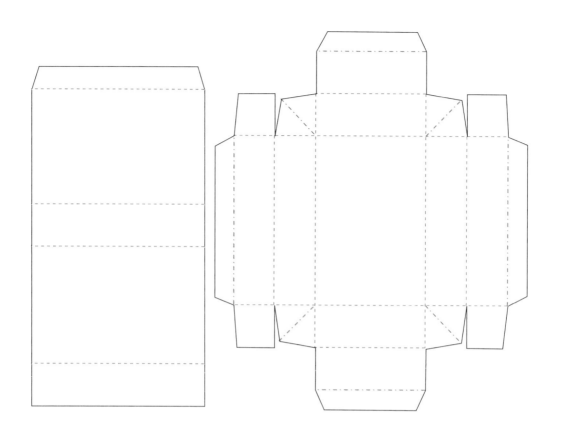

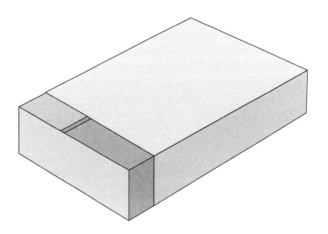

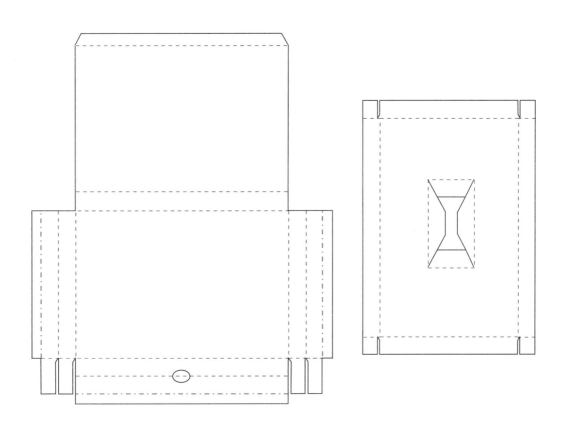

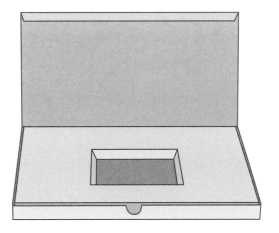

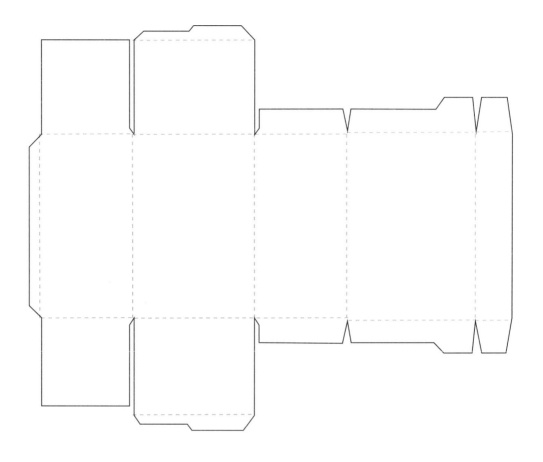

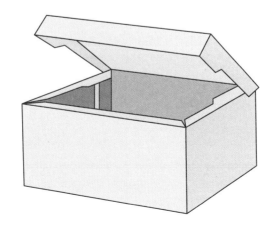

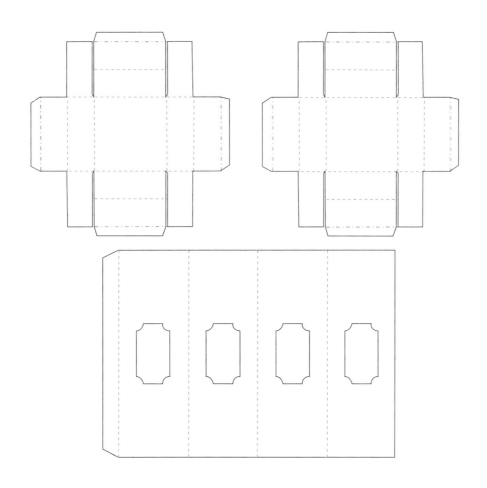

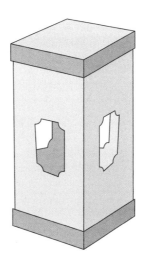

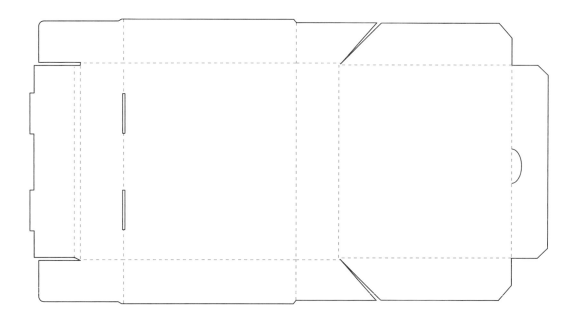

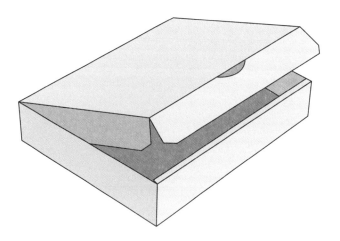

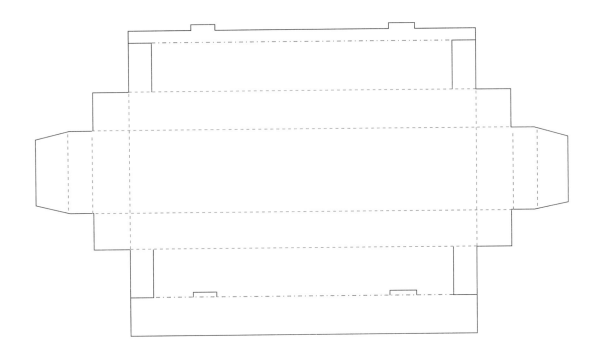

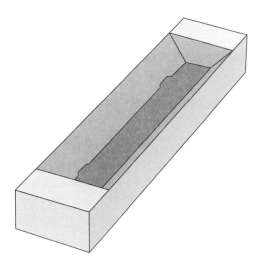

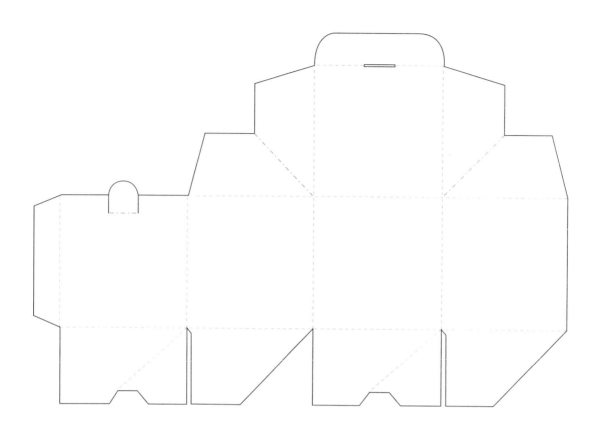

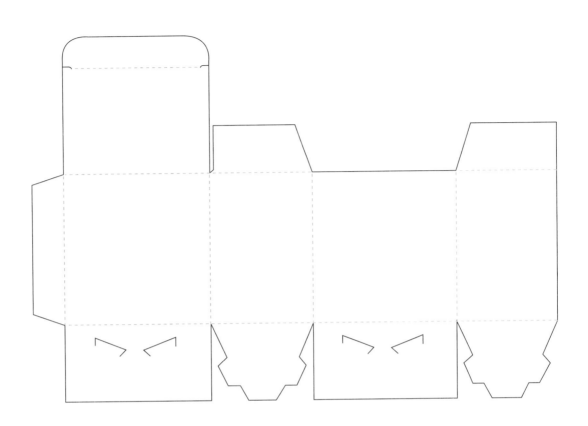

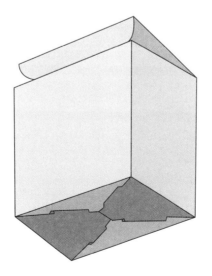

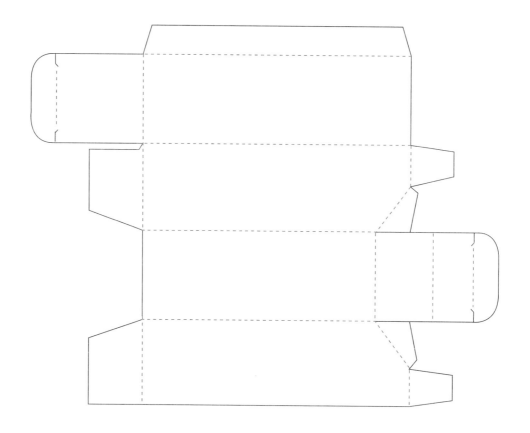

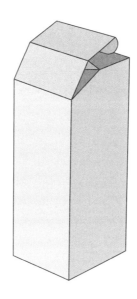

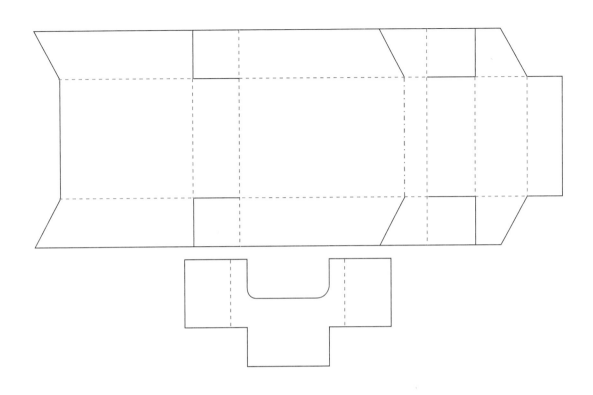

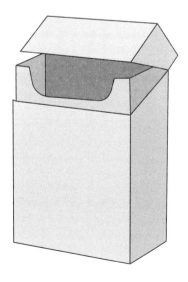

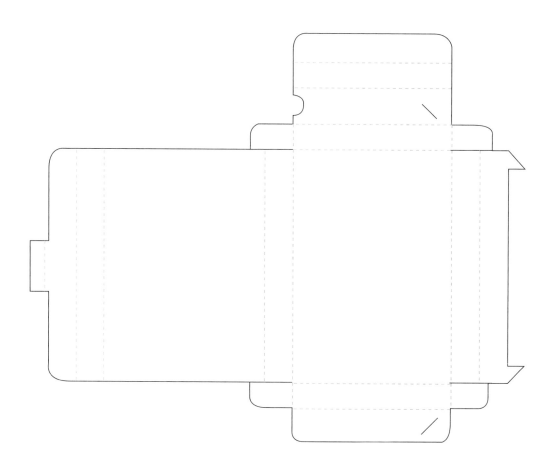

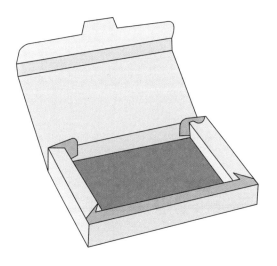

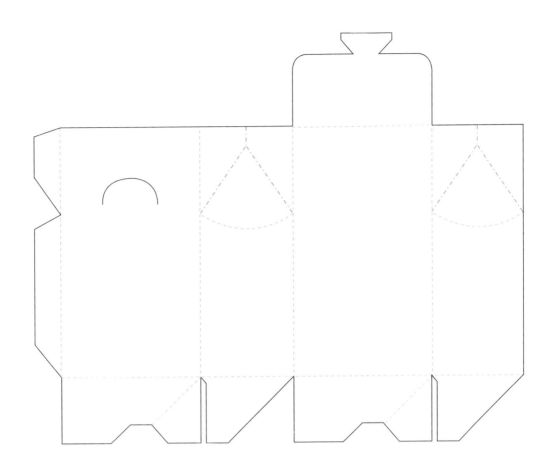

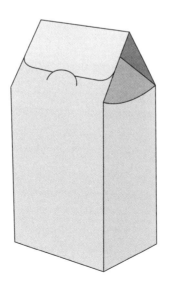

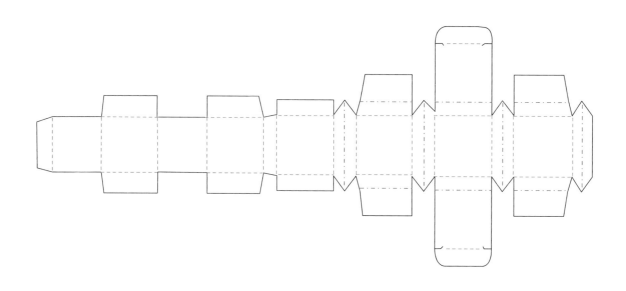

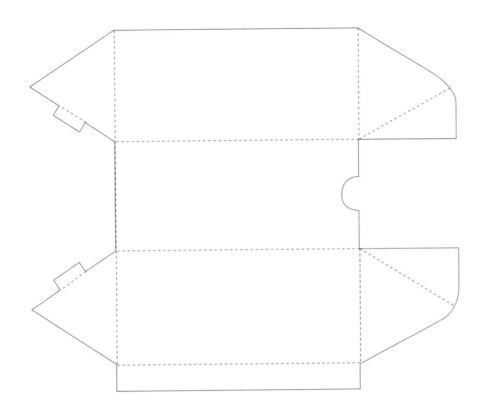

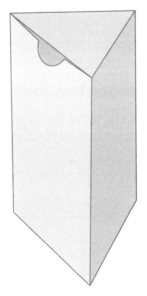

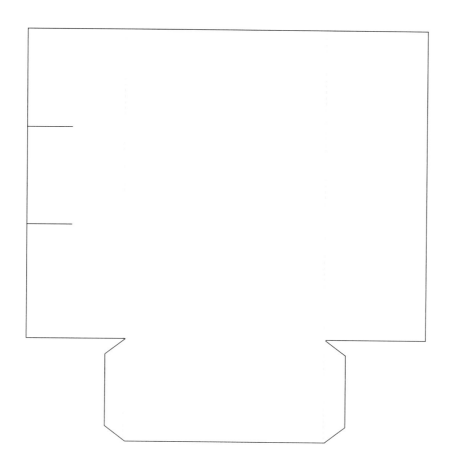

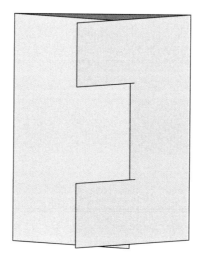

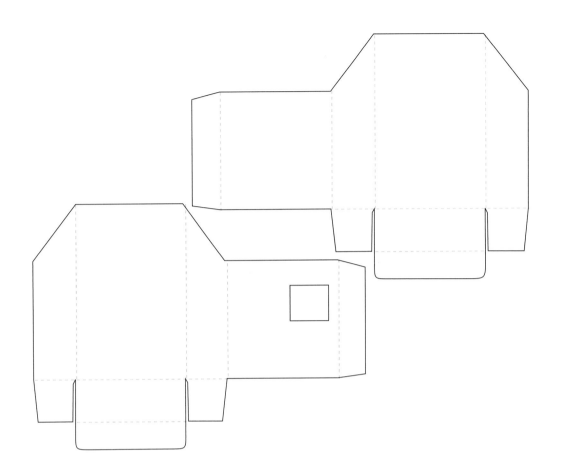

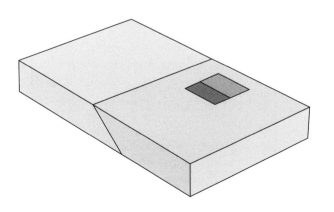

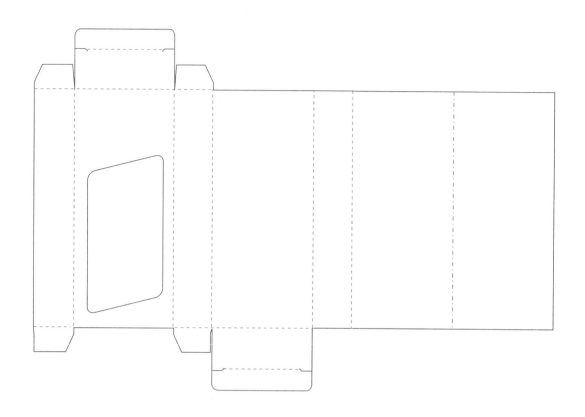

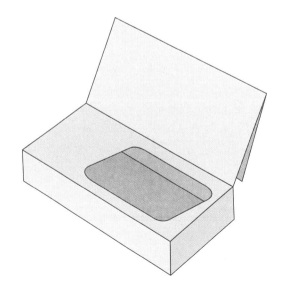

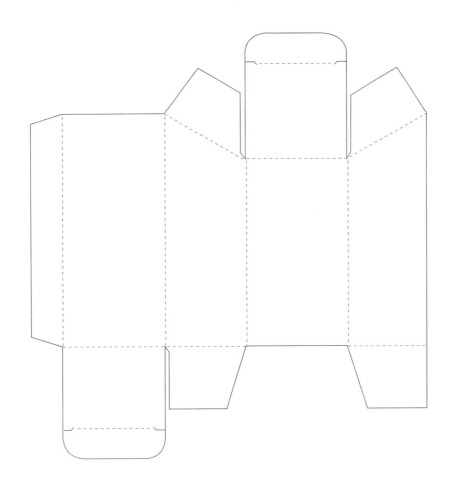

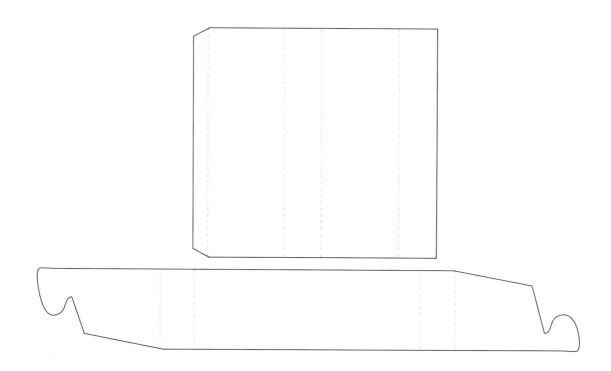

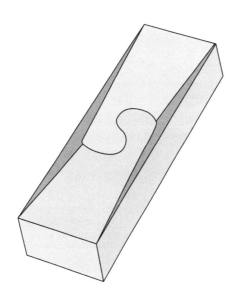

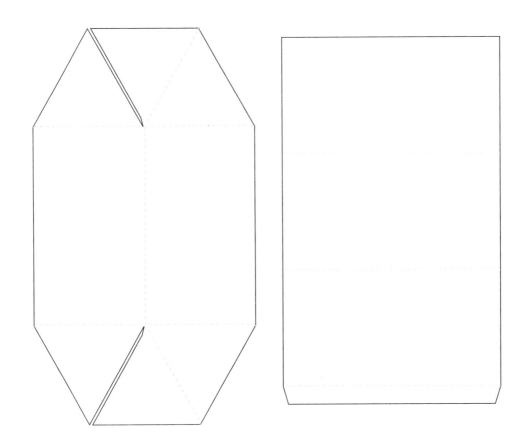

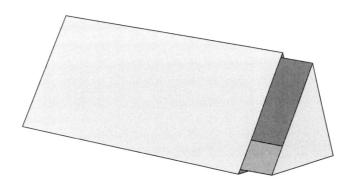

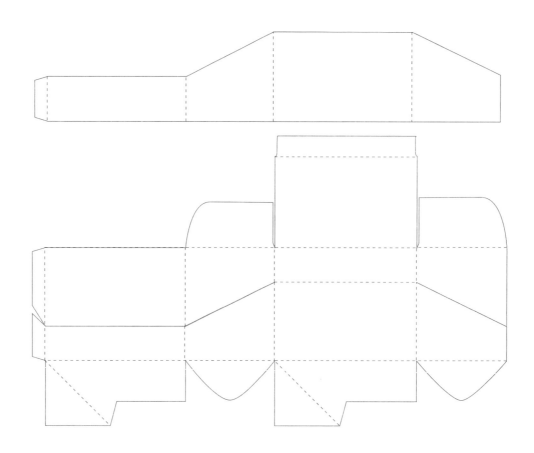

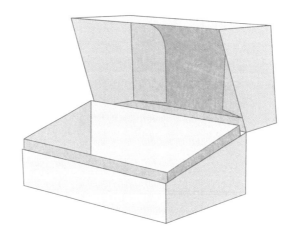

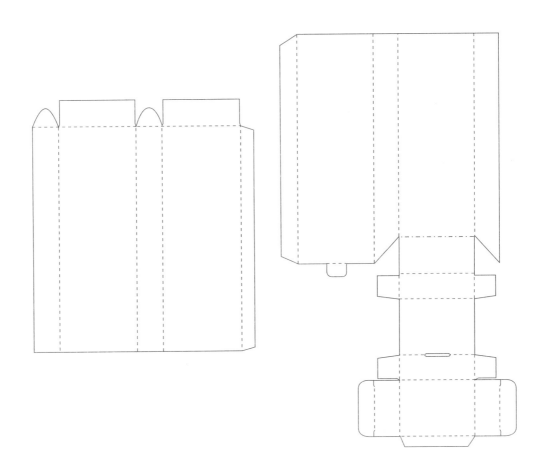

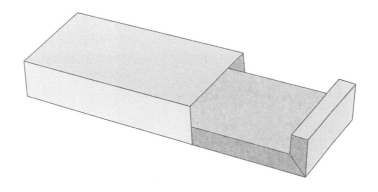

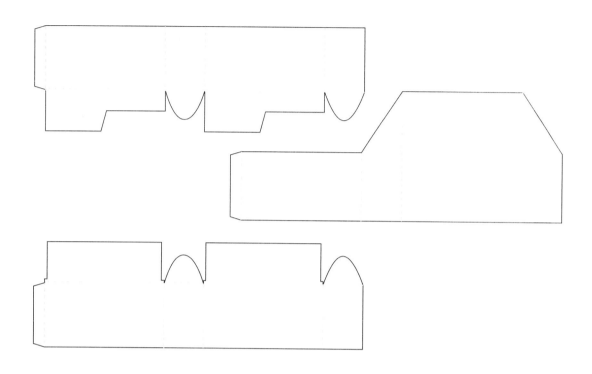

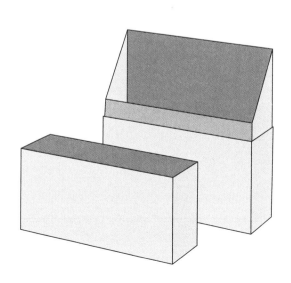

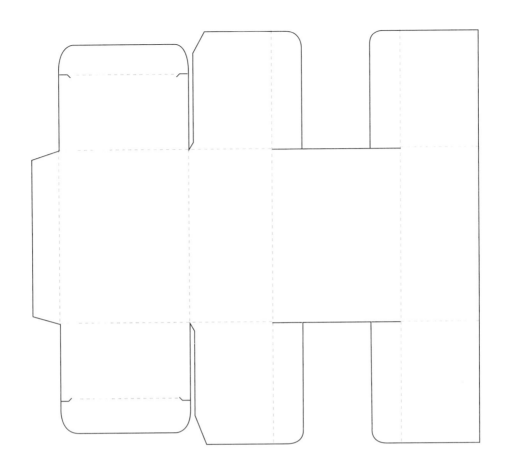

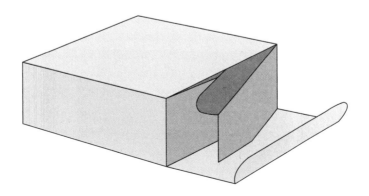

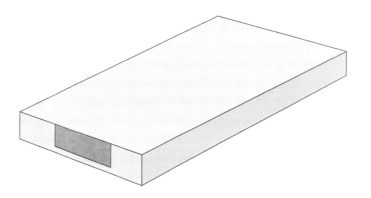

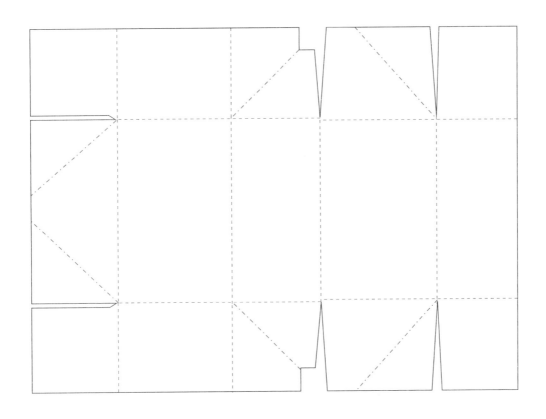

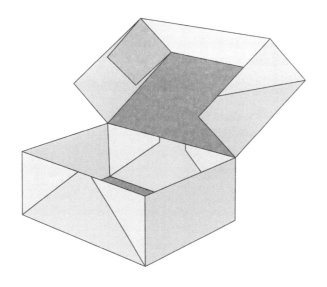

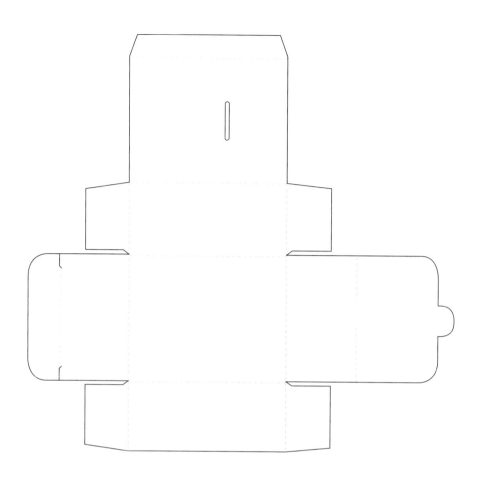

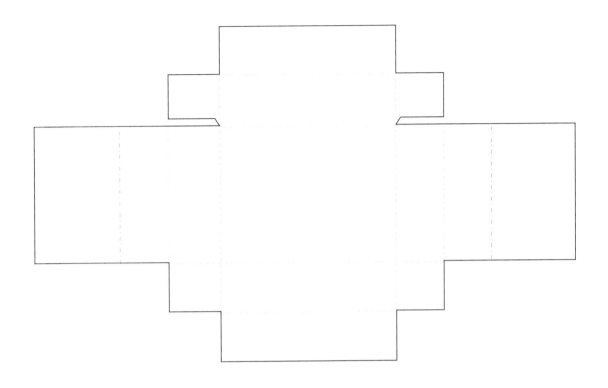

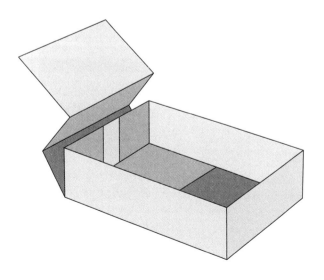

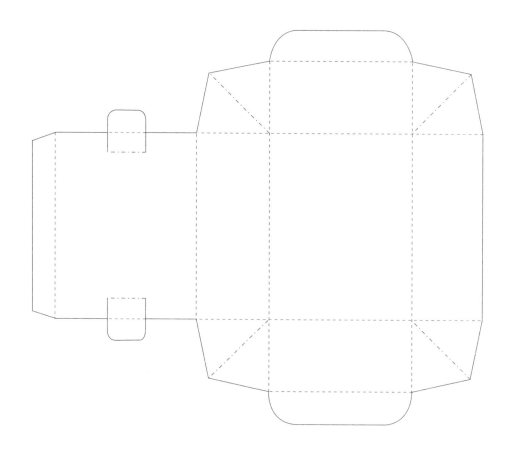

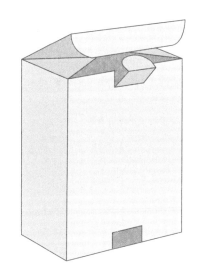

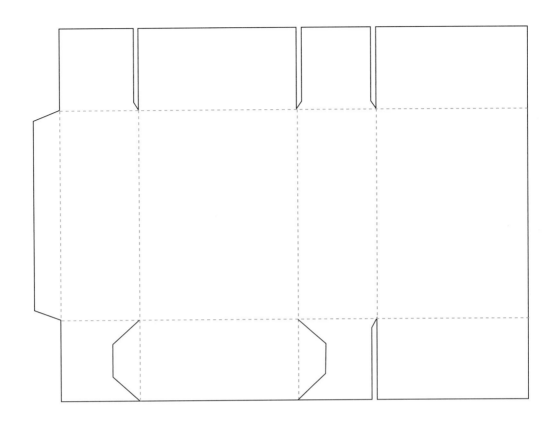

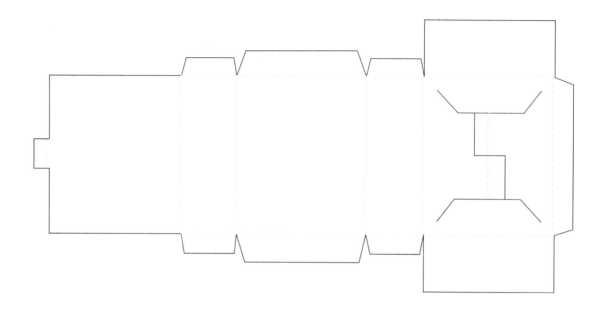

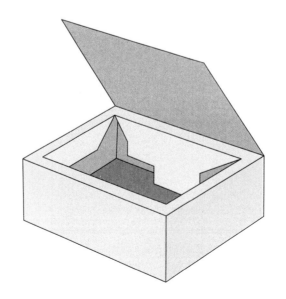

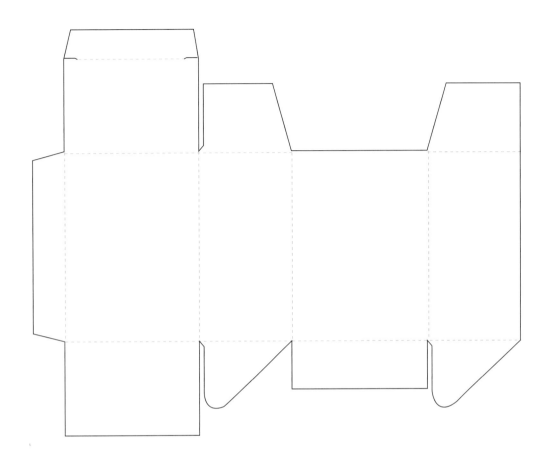

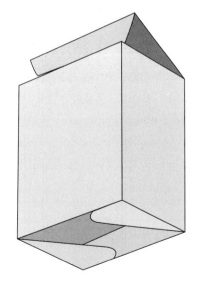

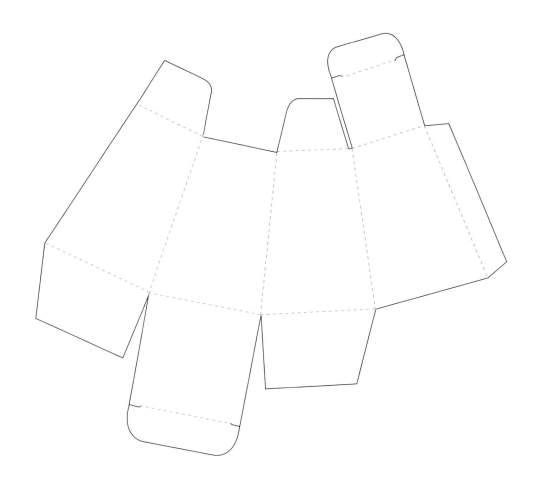

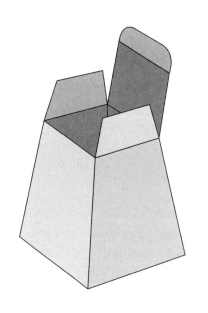

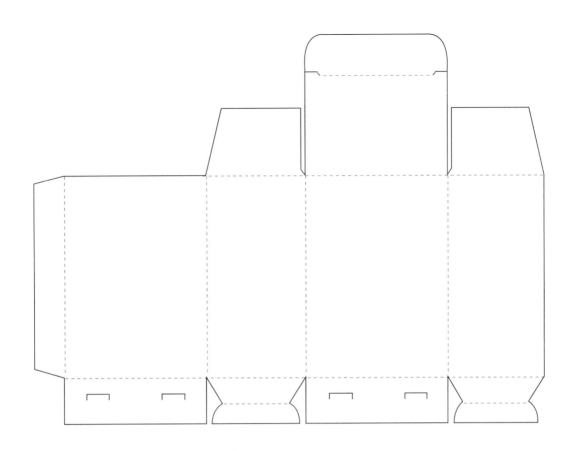

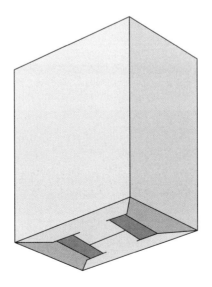

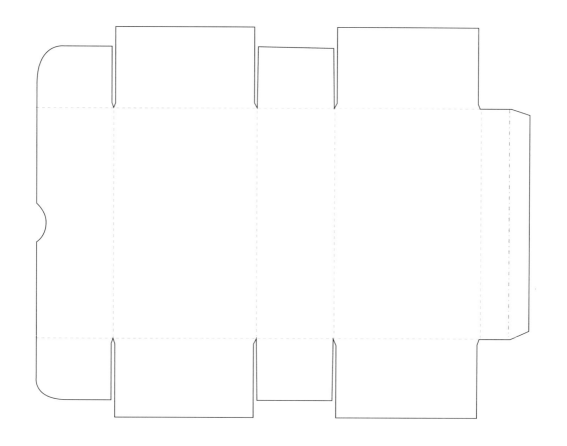

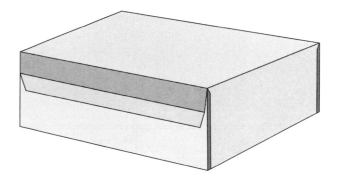

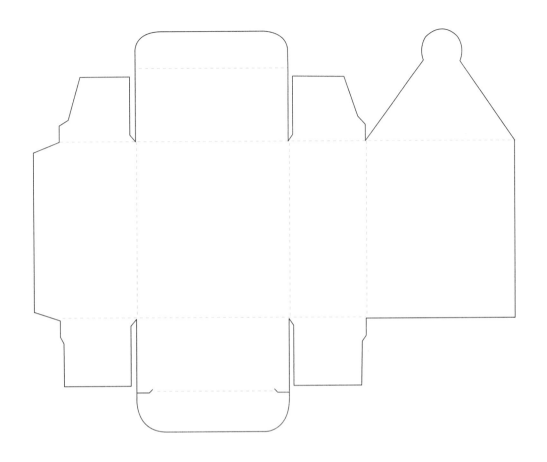

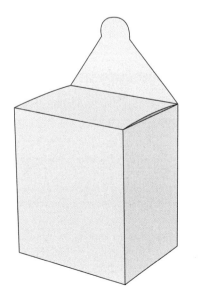

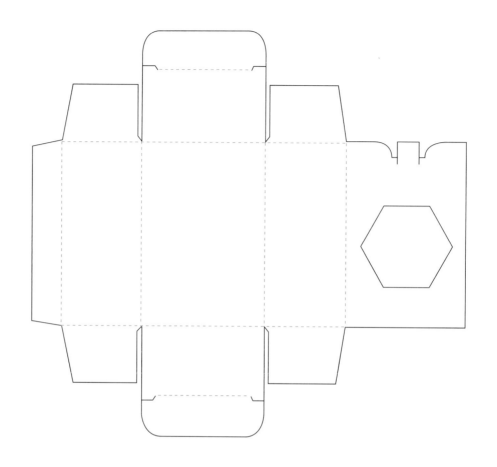

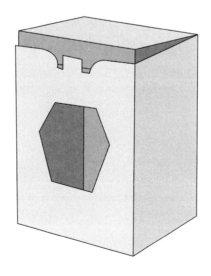

盘状式纸盒

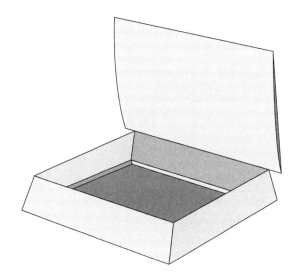

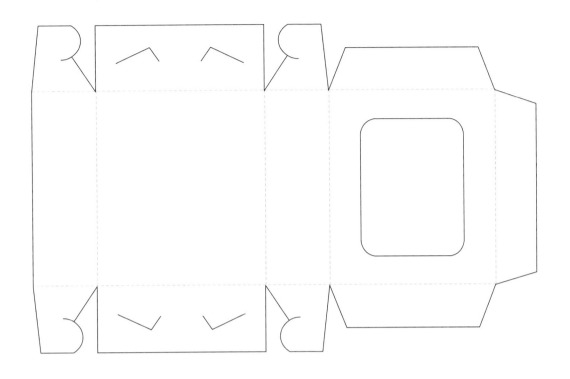

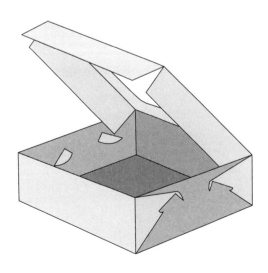

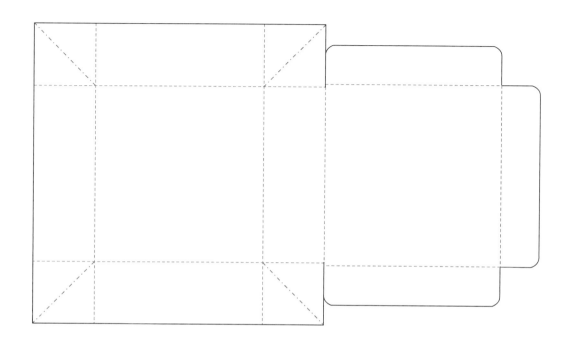

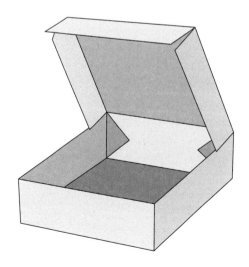

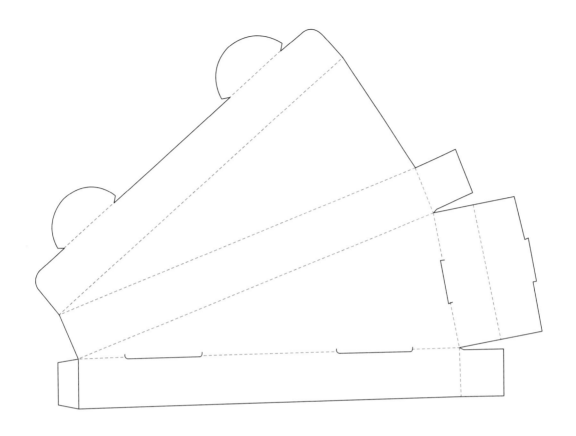

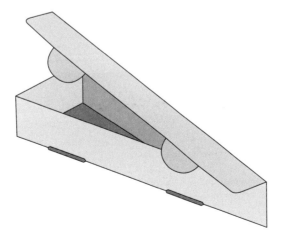

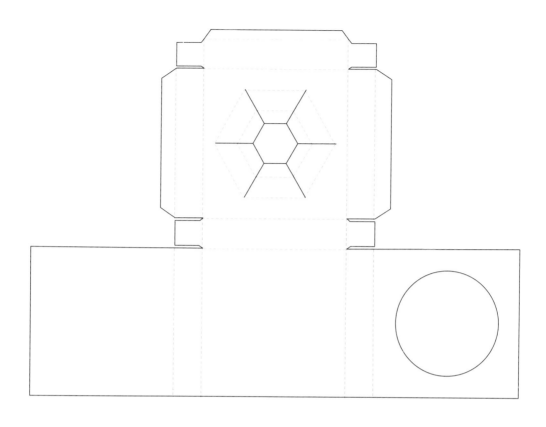

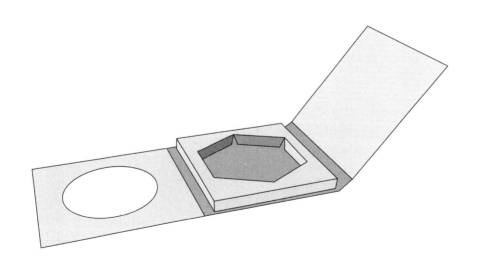

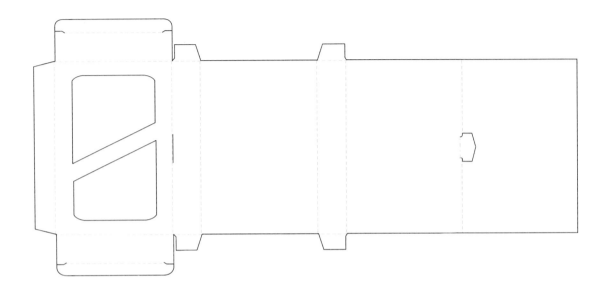

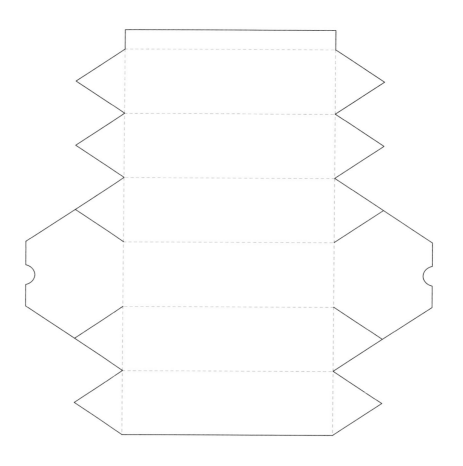

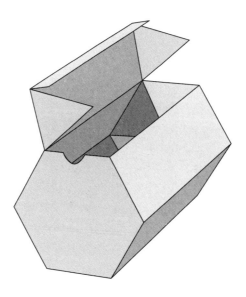

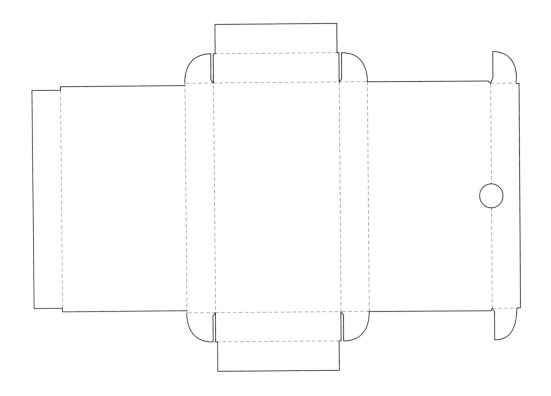

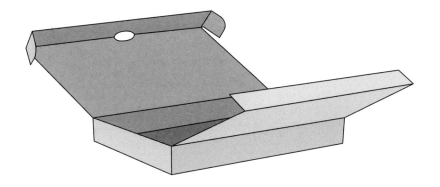

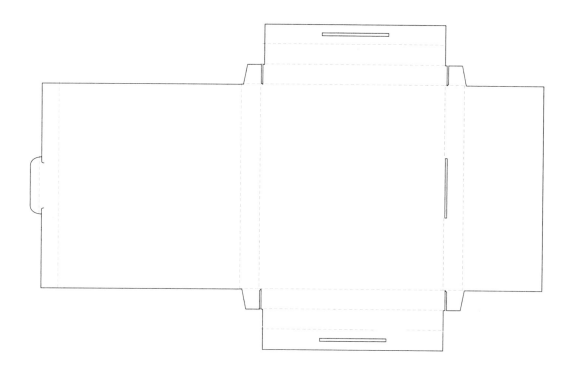

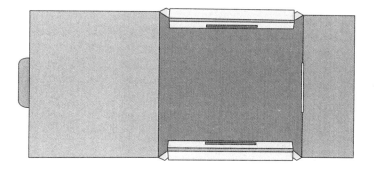

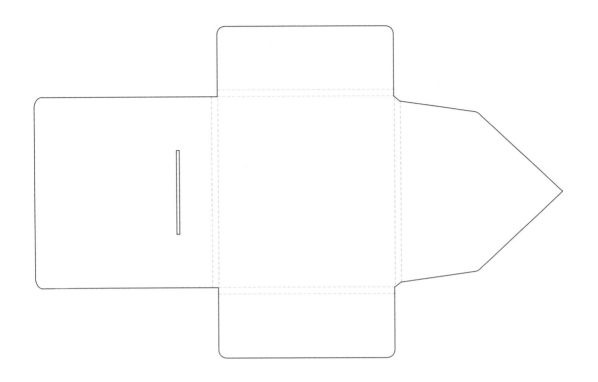

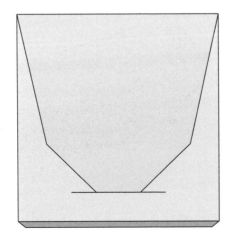

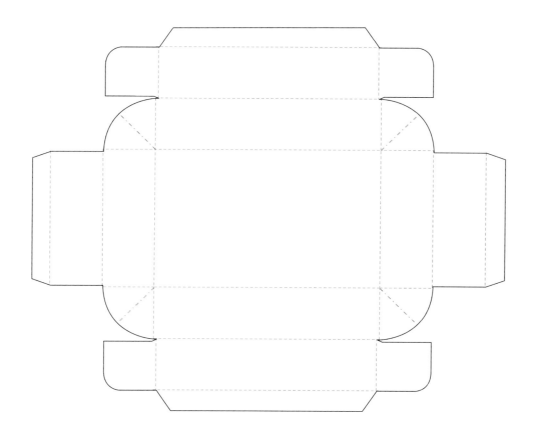

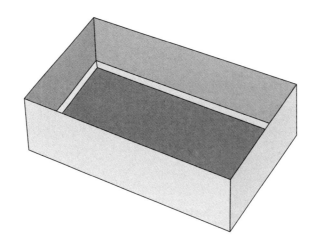

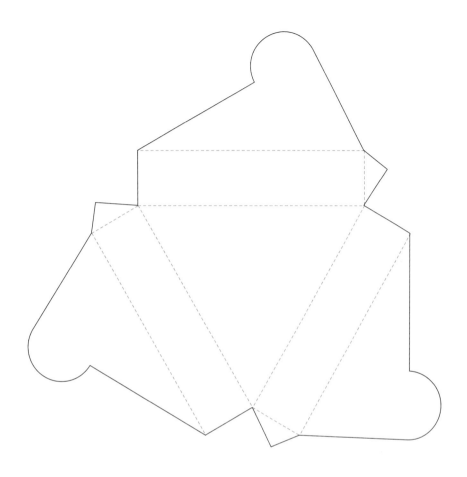

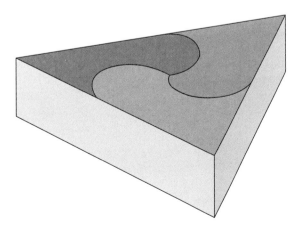

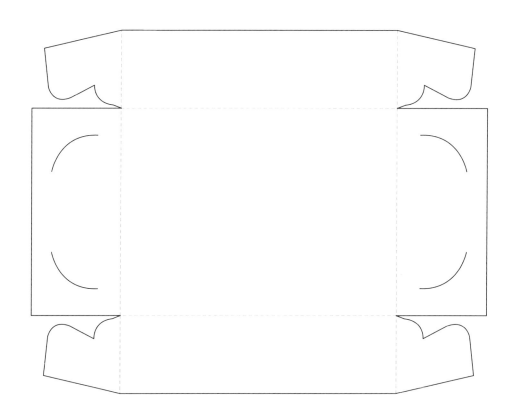

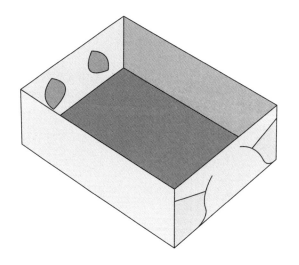

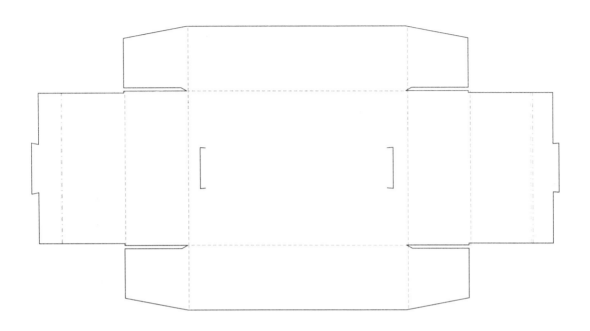

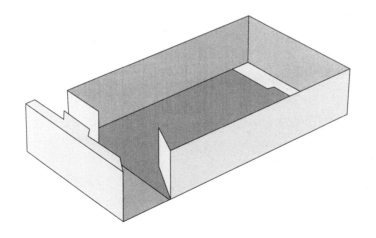

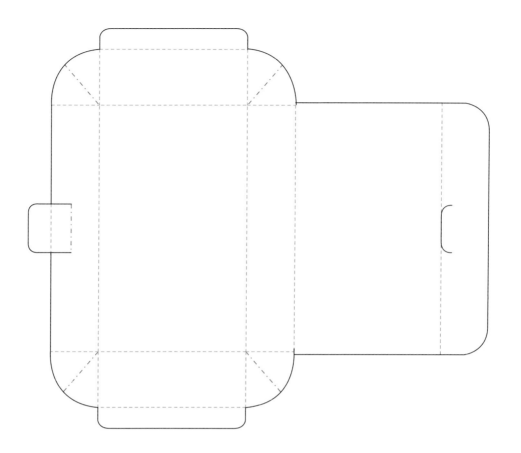

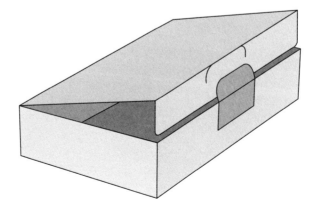

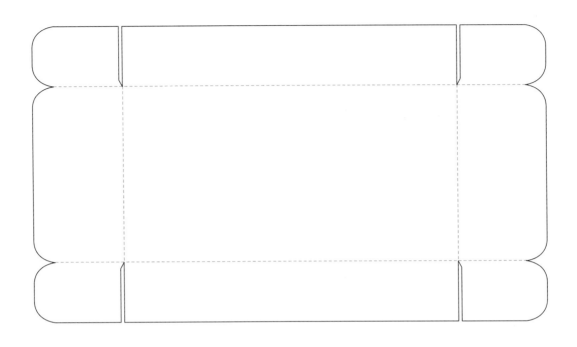

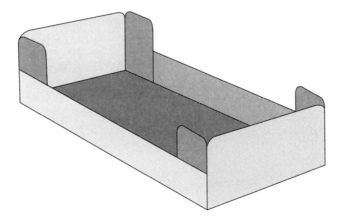

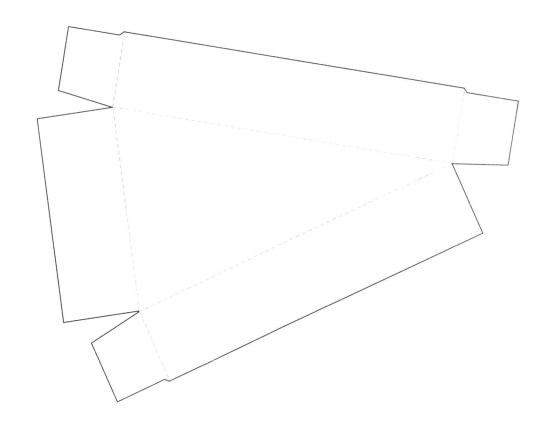

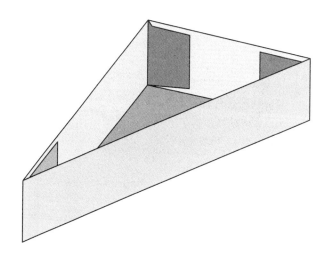

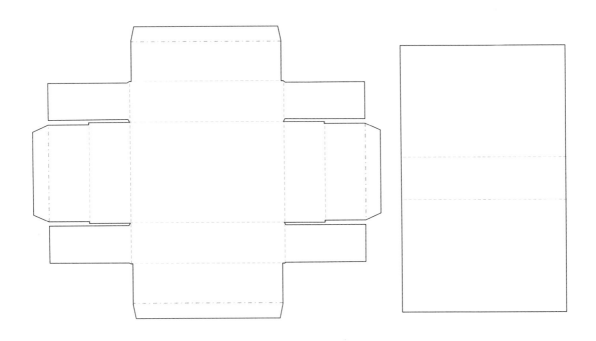

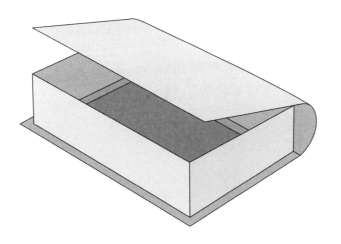

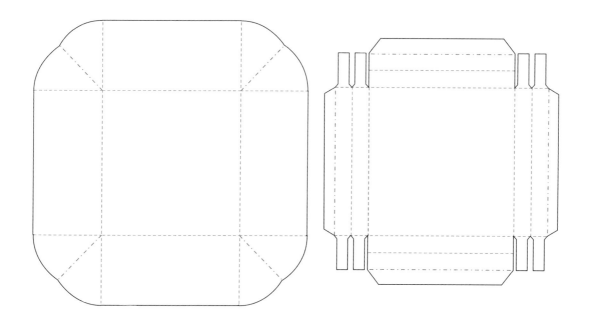

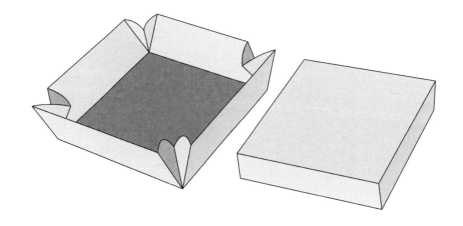

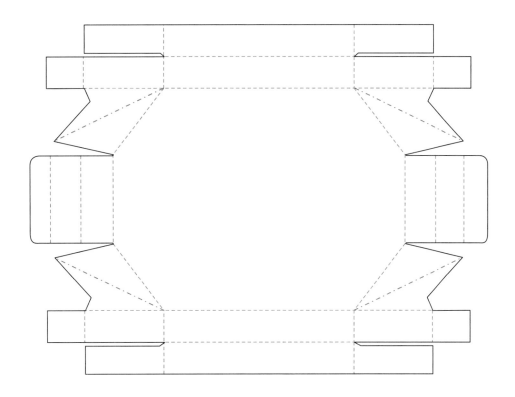

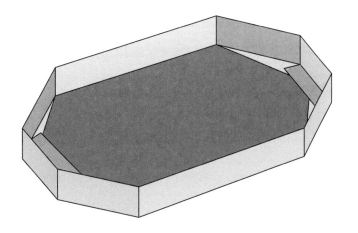

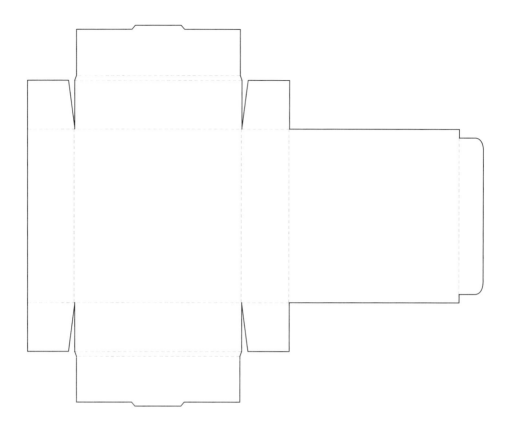

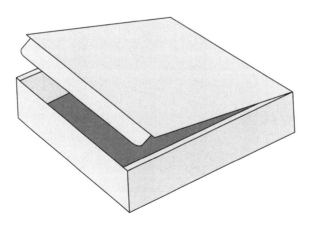

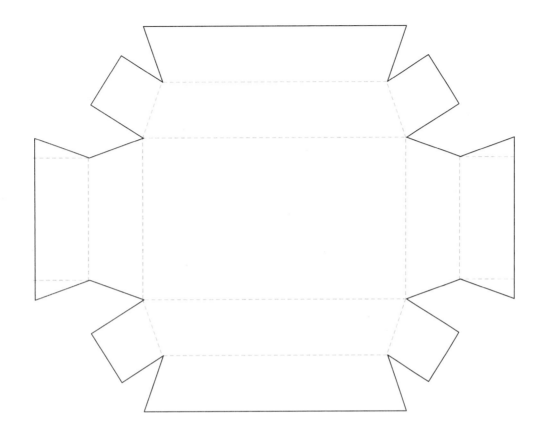

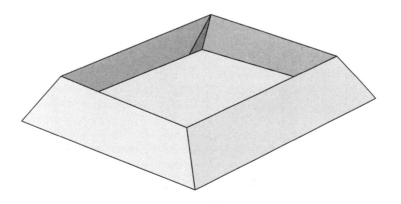

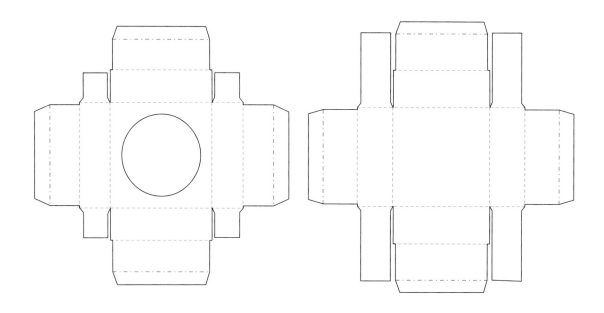

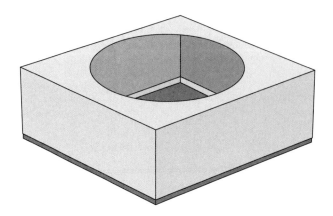

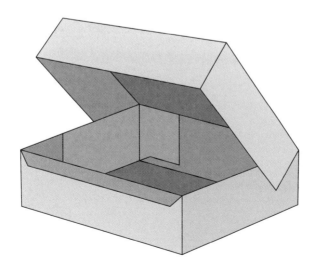

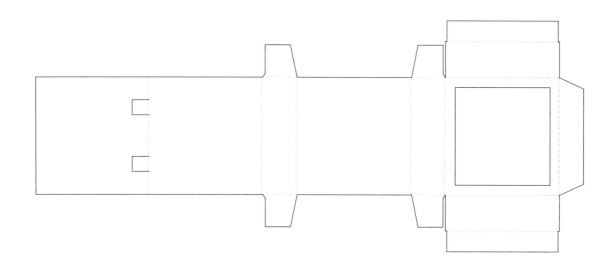

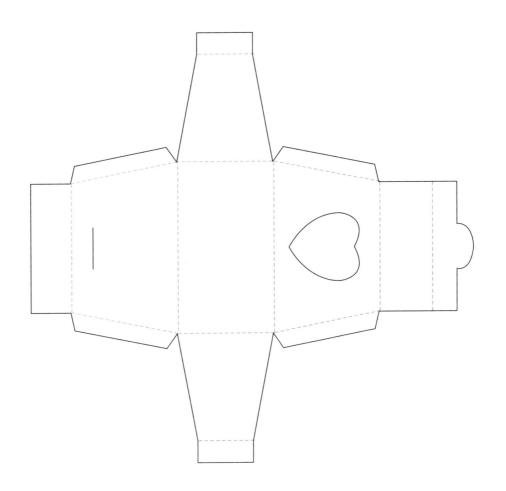

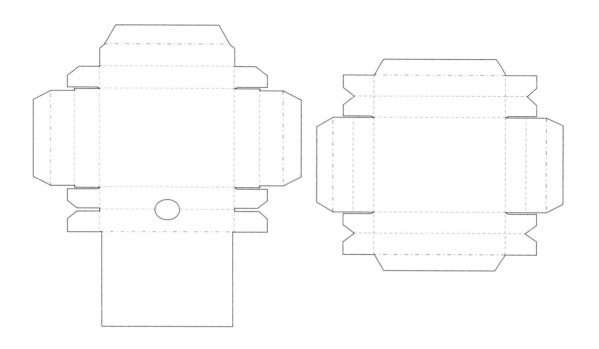

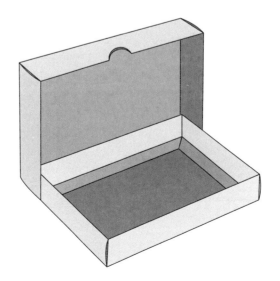

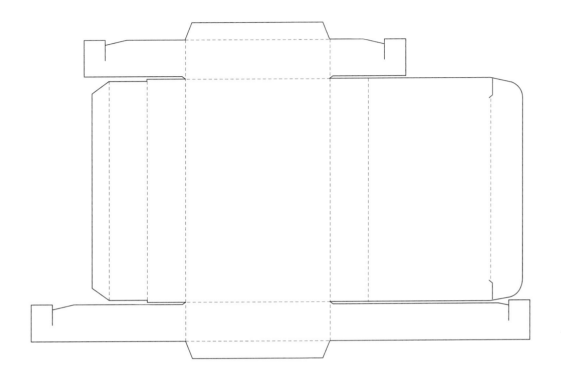

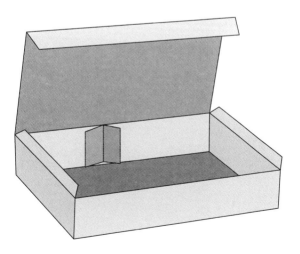

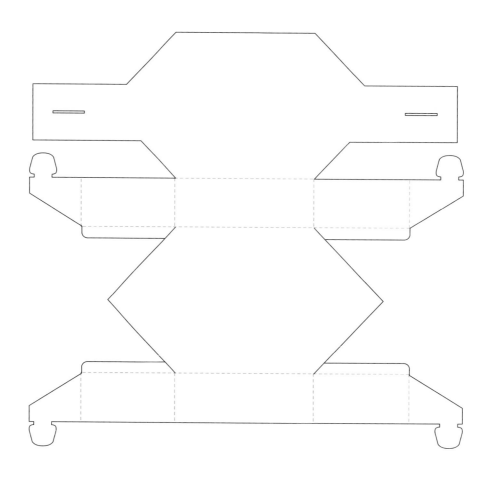

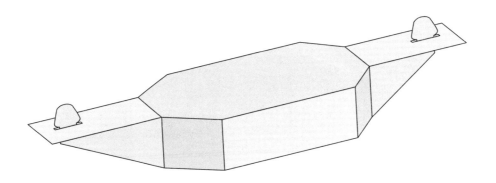

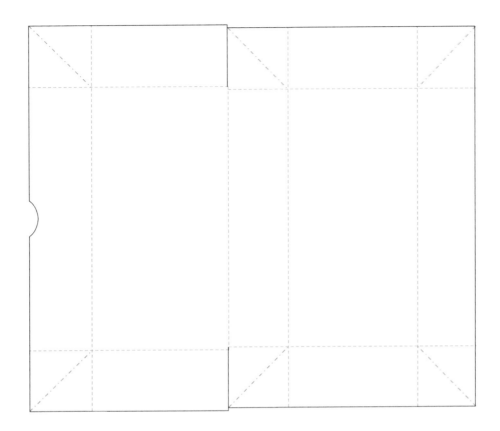

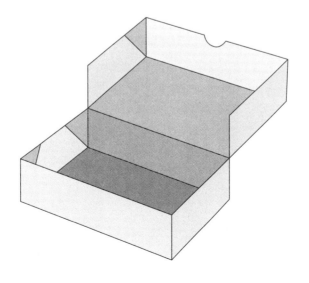

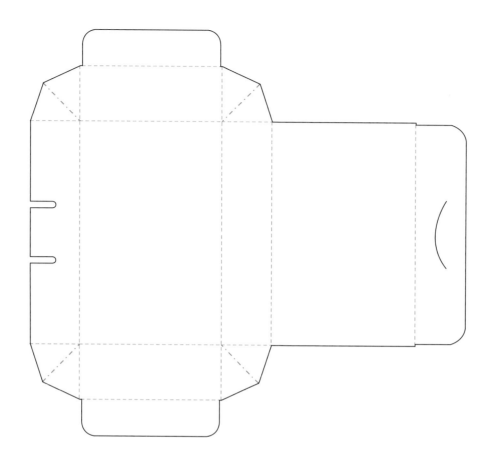

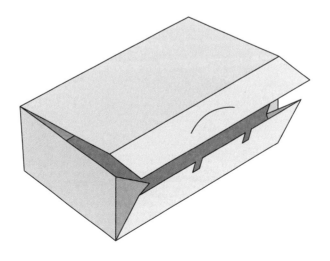

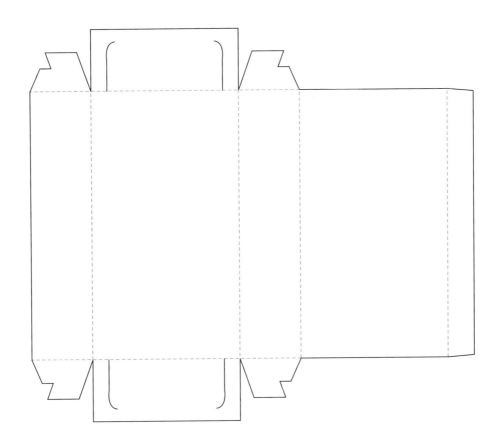

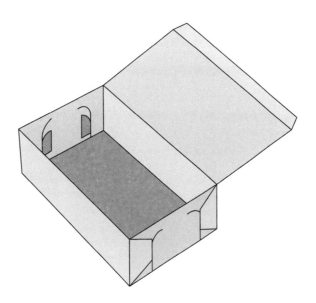

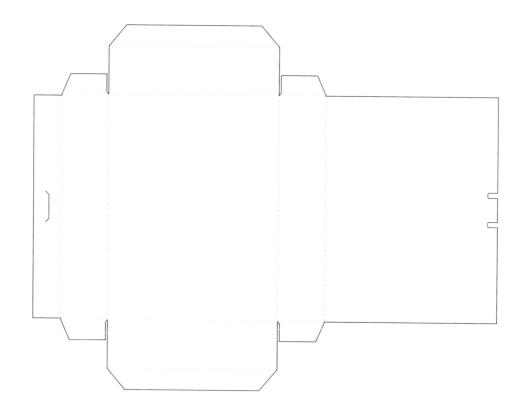

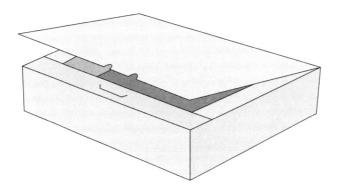

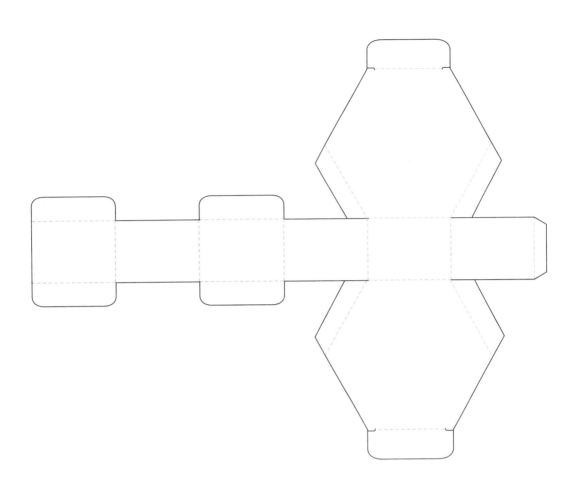

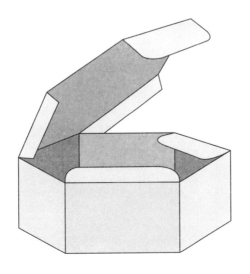

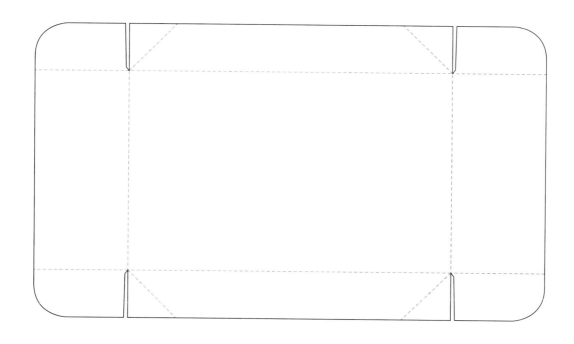

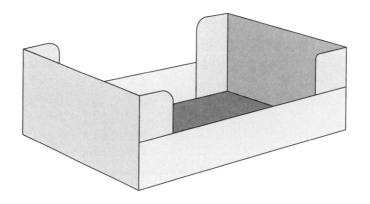

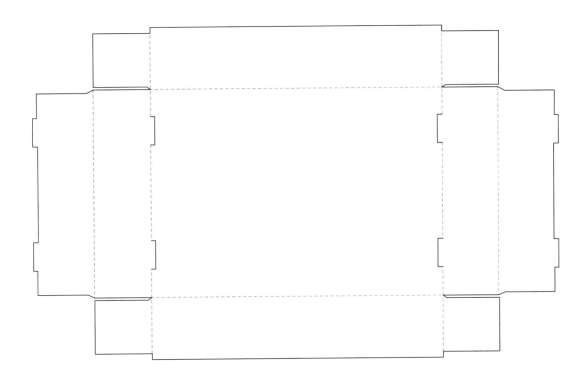

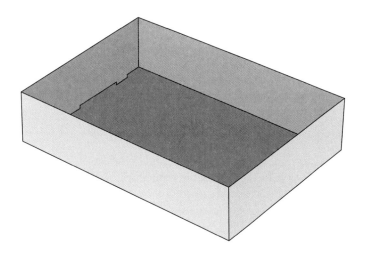

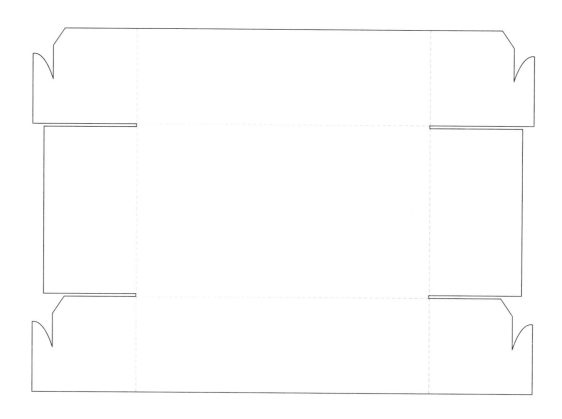

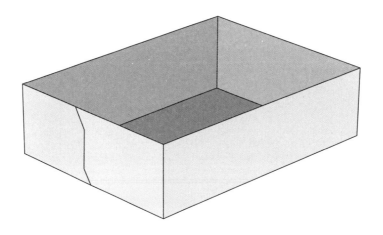

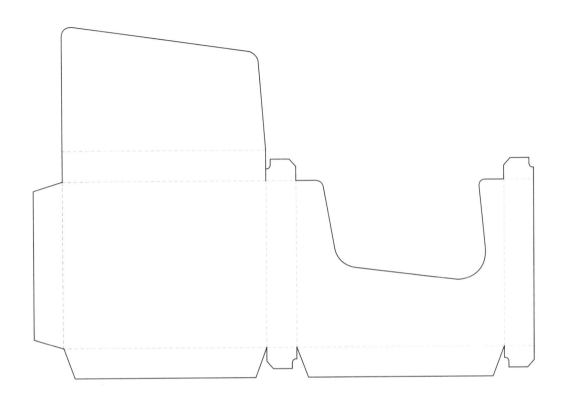

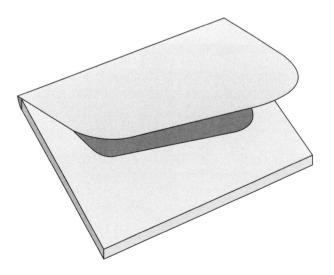

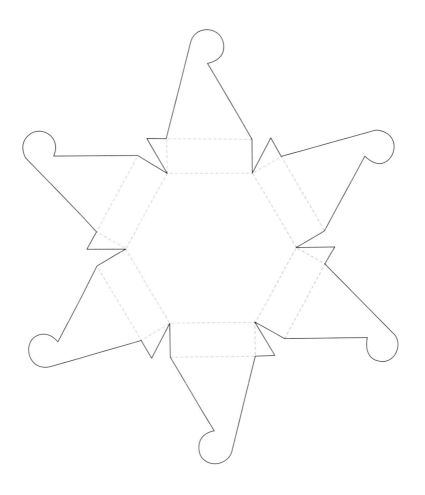

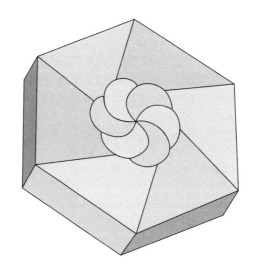

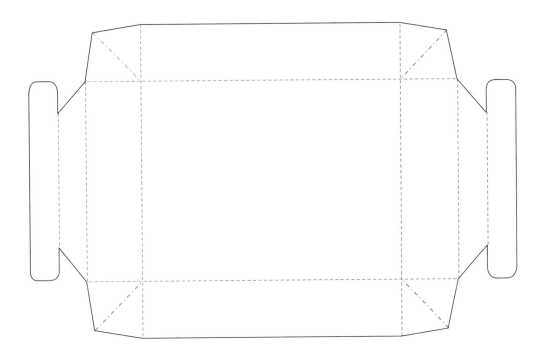

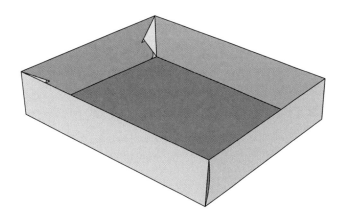

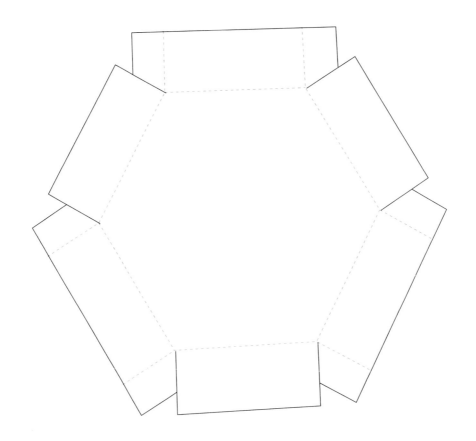

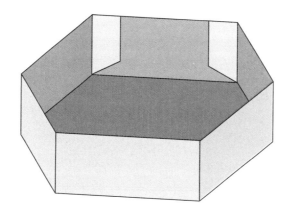

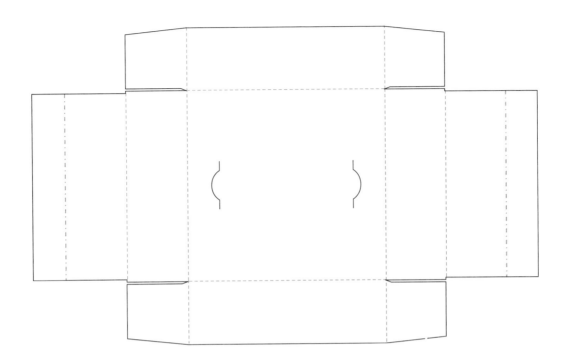

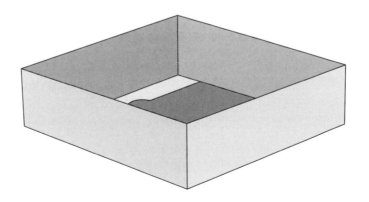

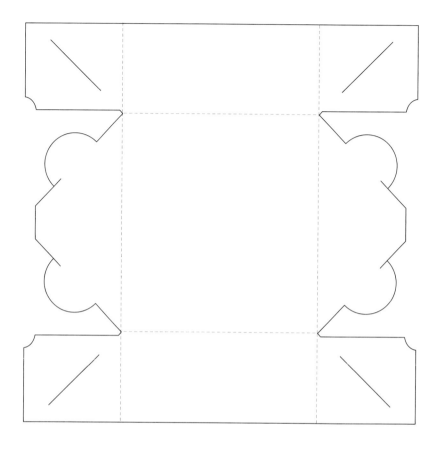

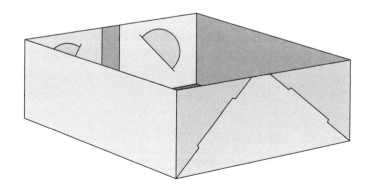

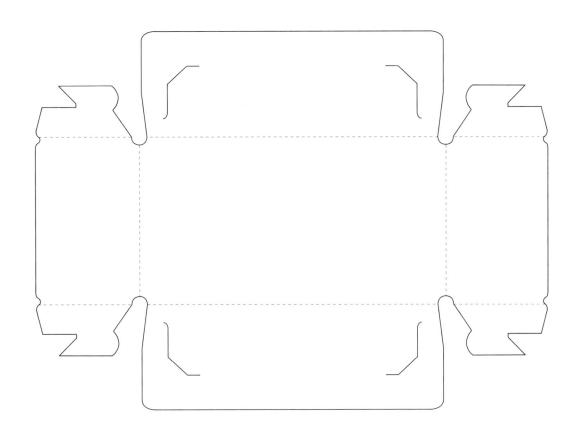

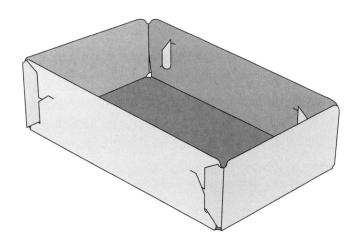

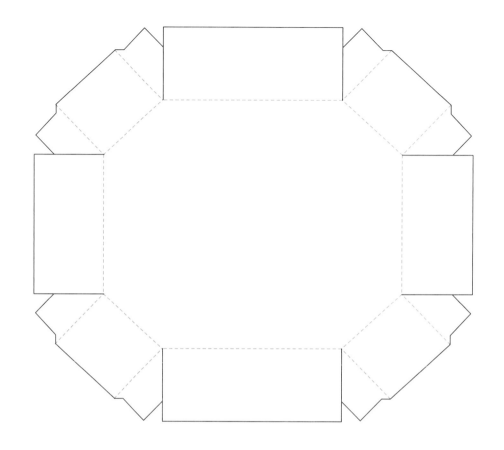

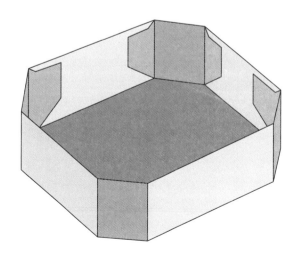

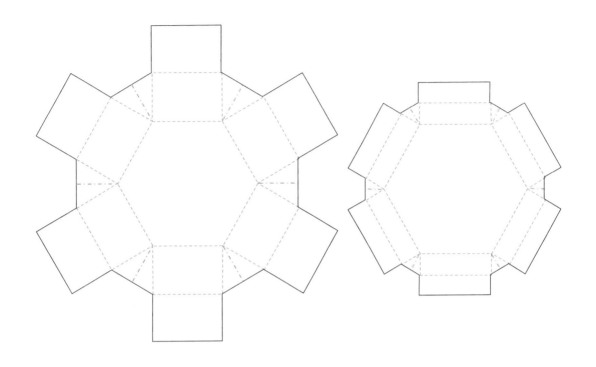

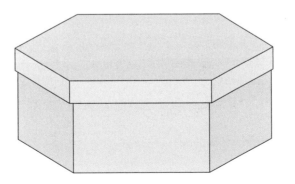

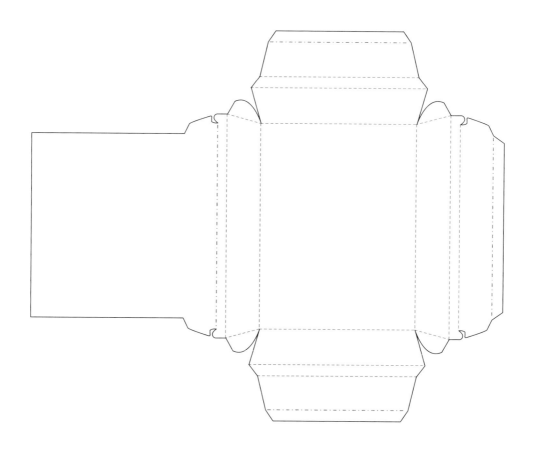

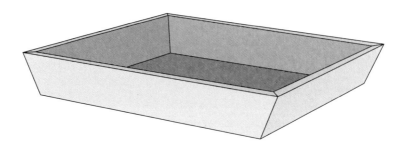

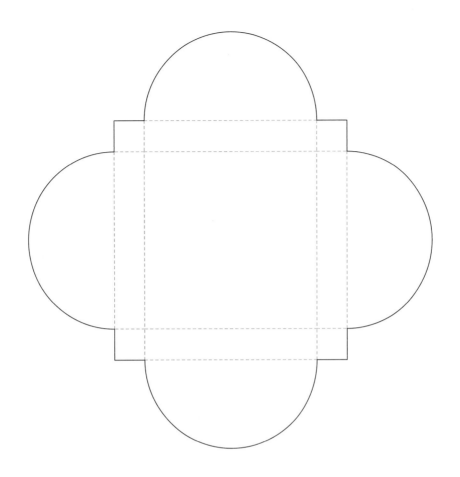

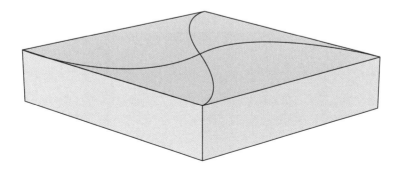

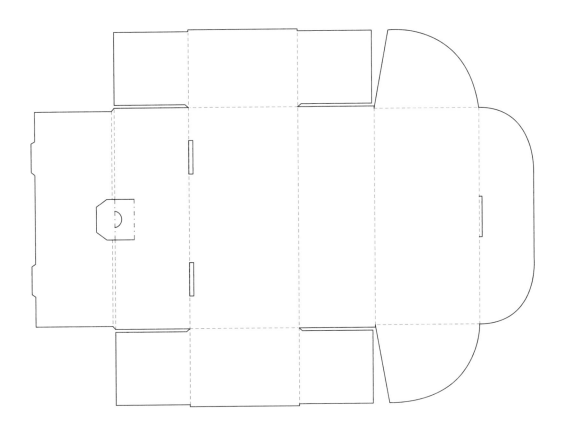

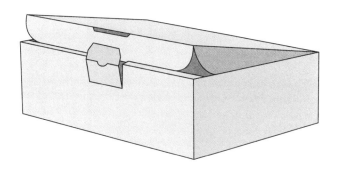

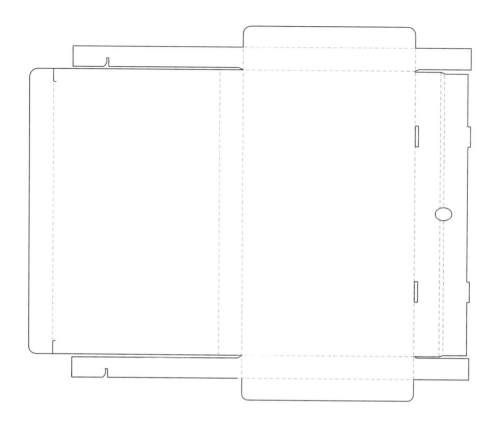

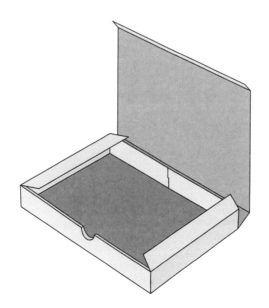

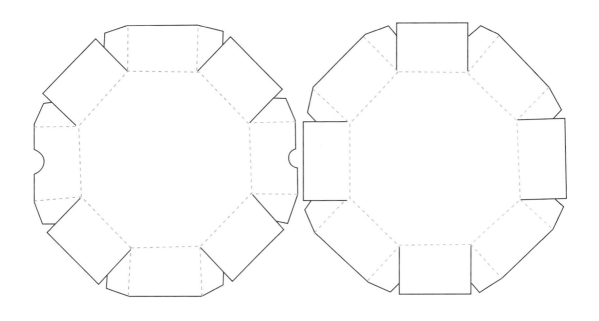

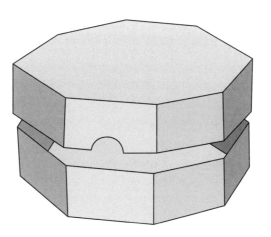

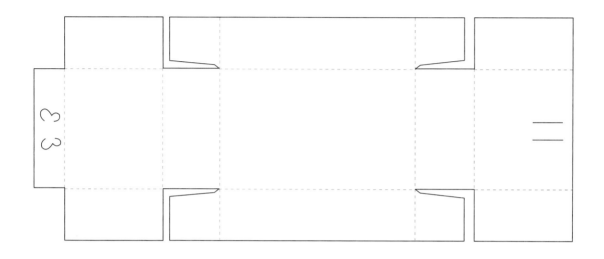

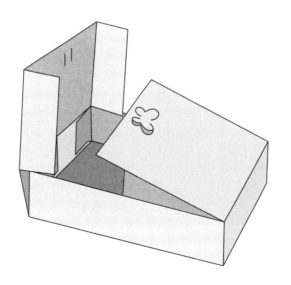

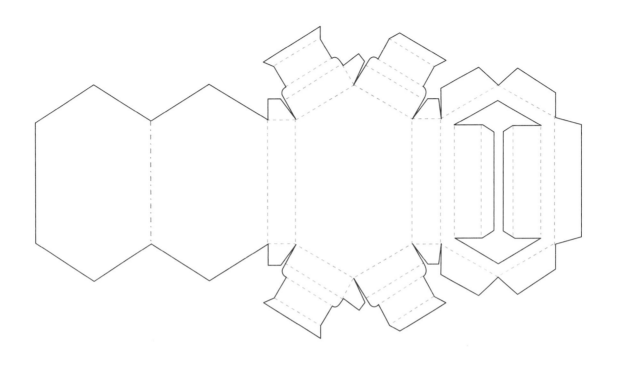

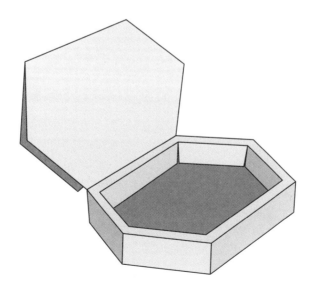

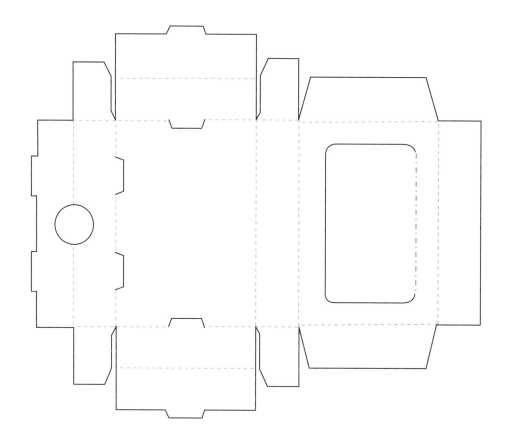

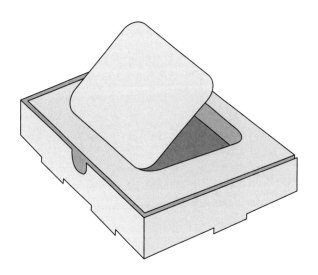

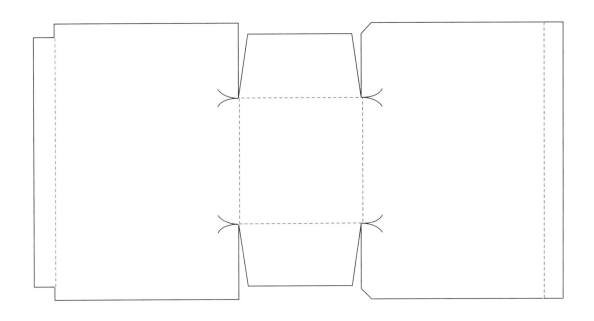

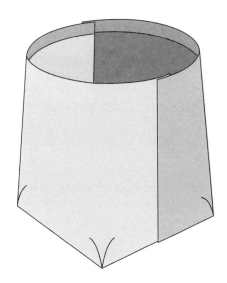

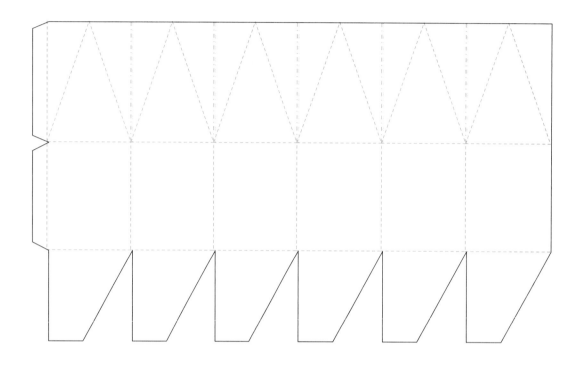

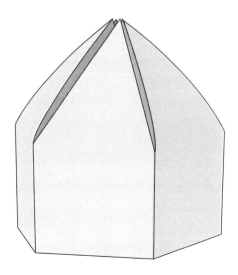

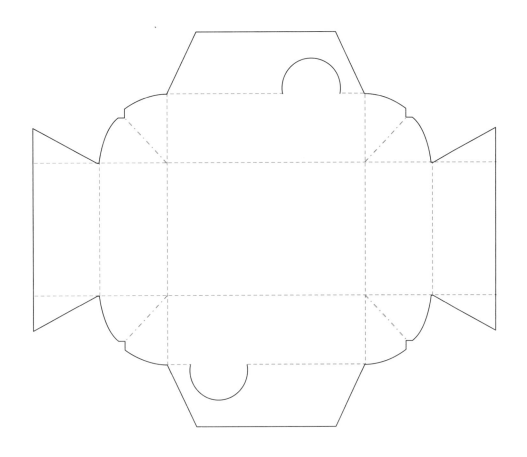

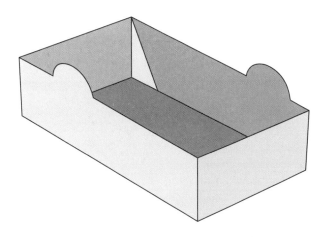

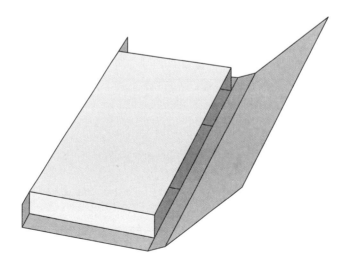

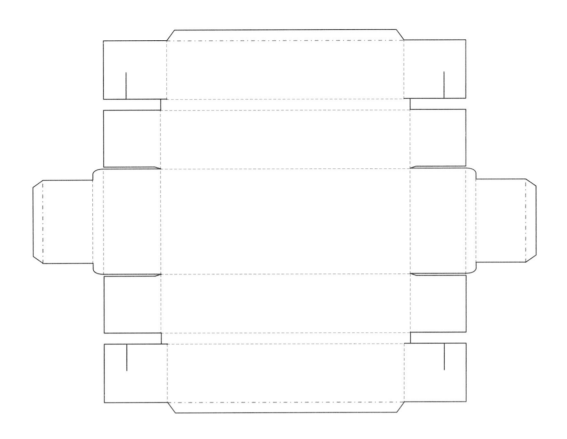

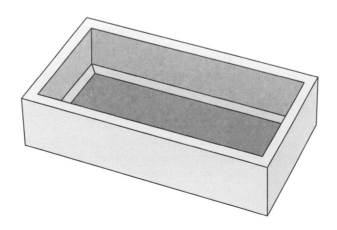

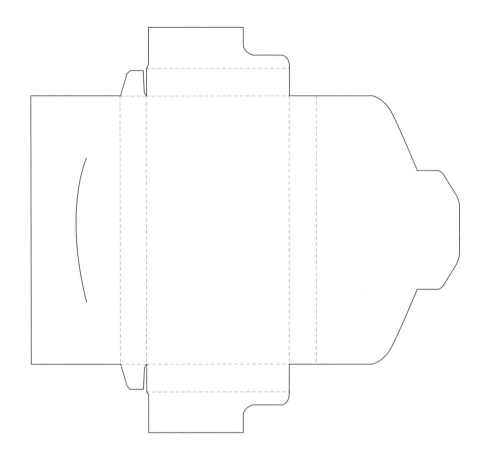

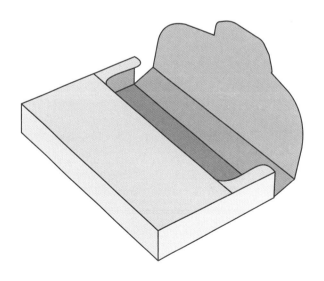

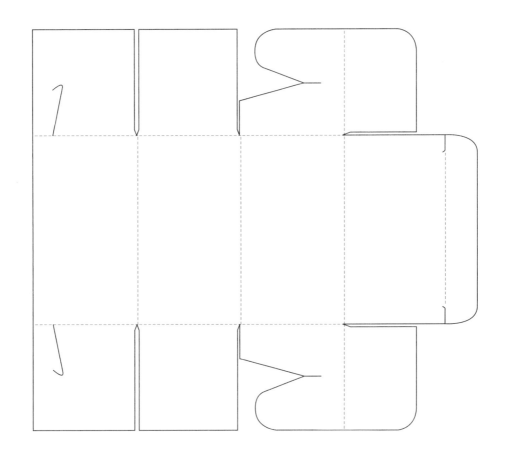

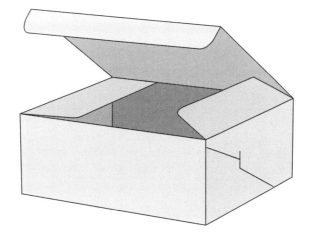

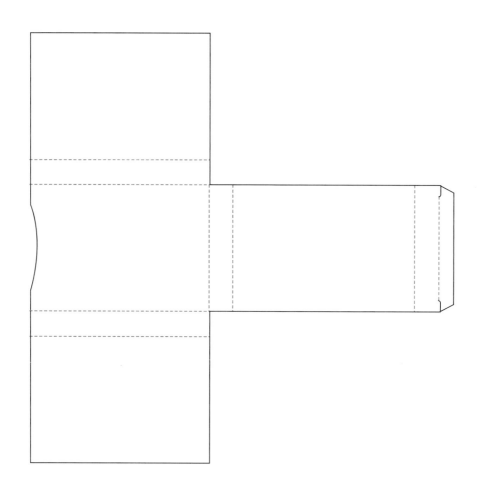

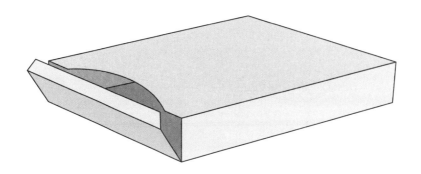

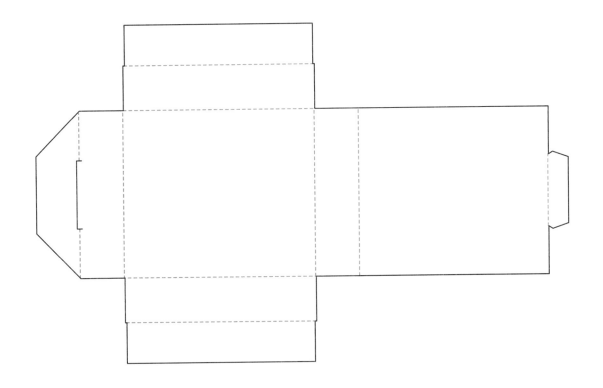

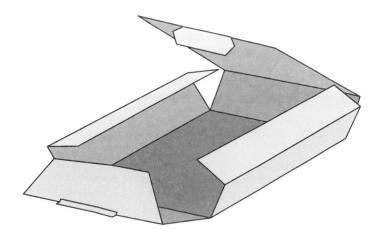

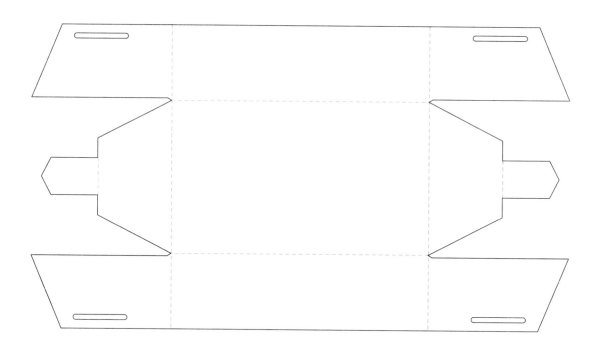

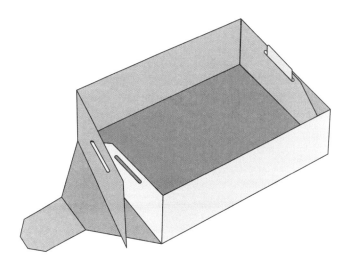

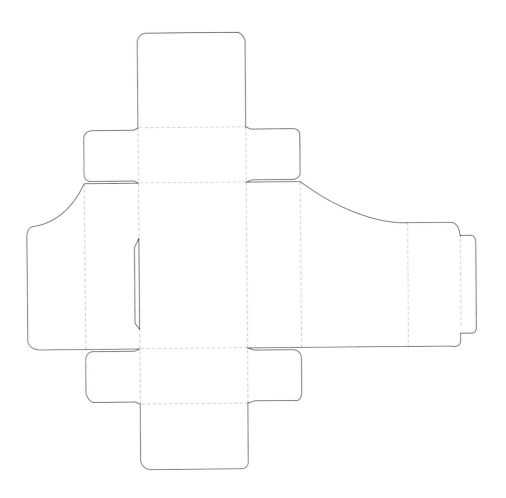

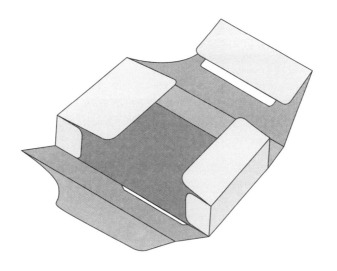

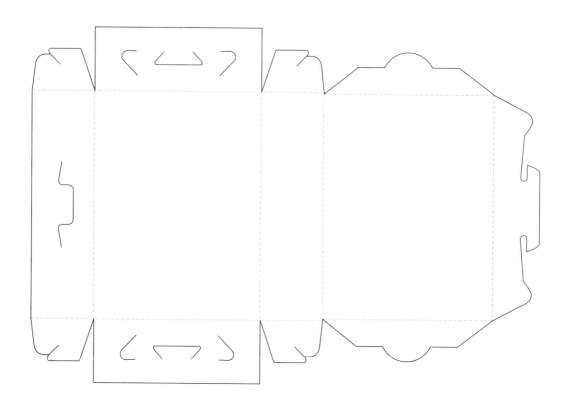

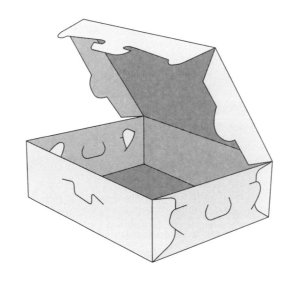

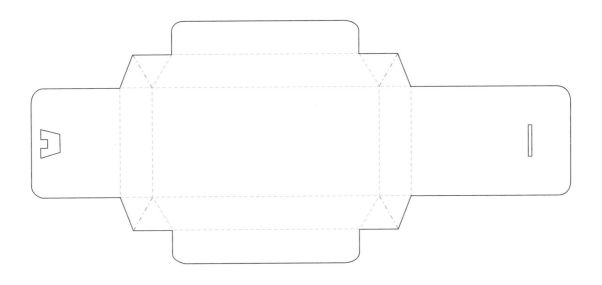

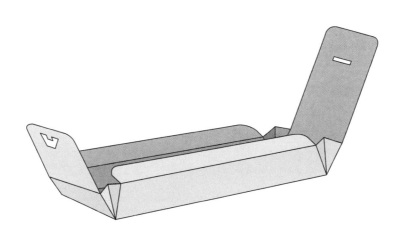

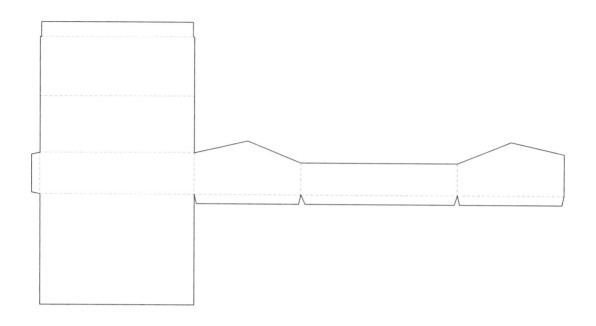

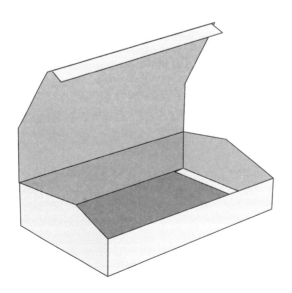

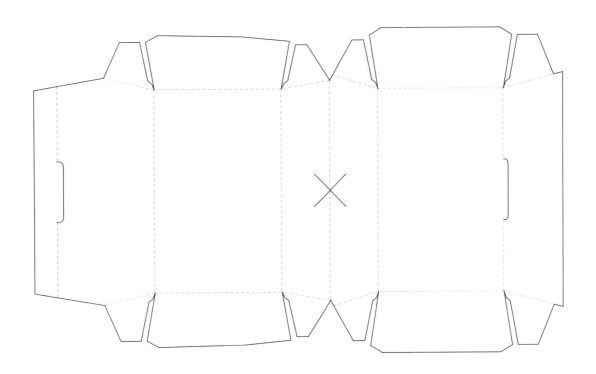

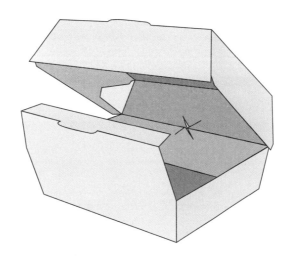

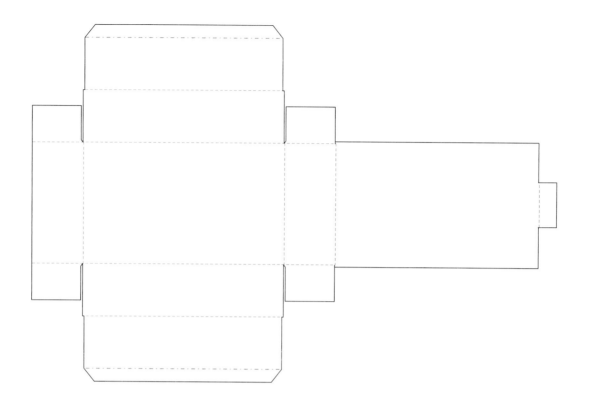

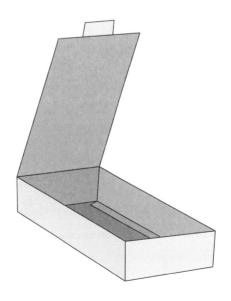

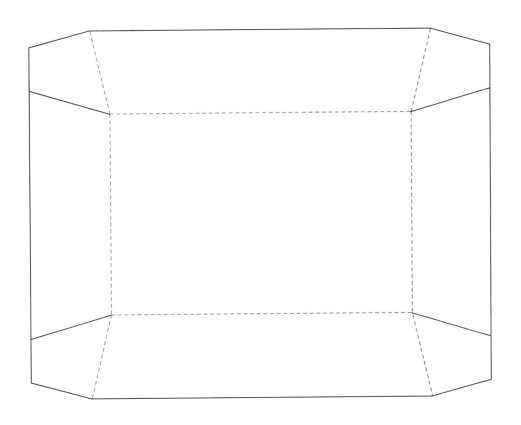

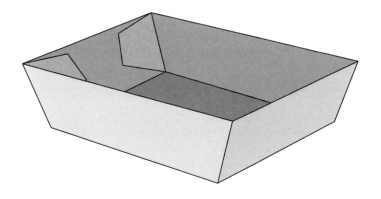

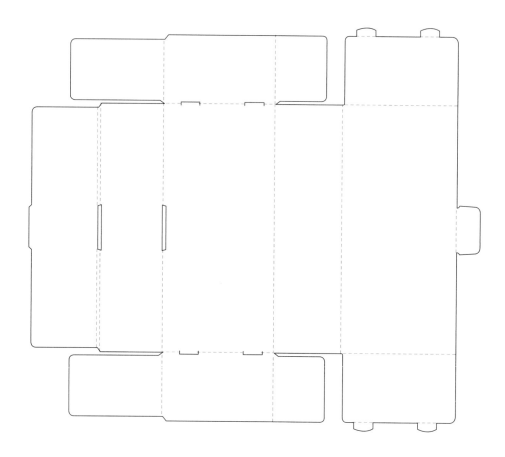

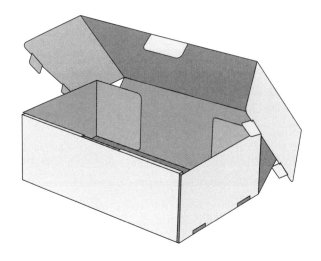

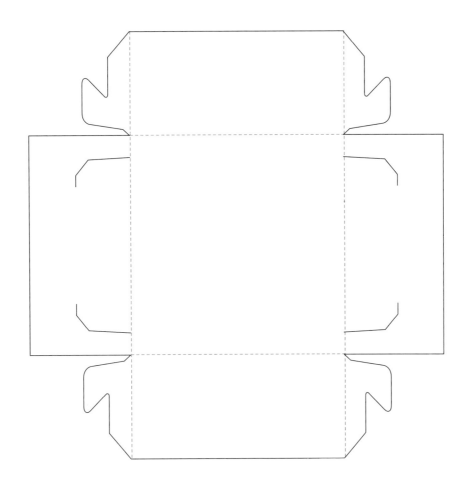

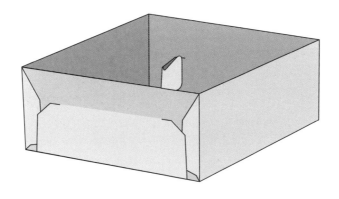

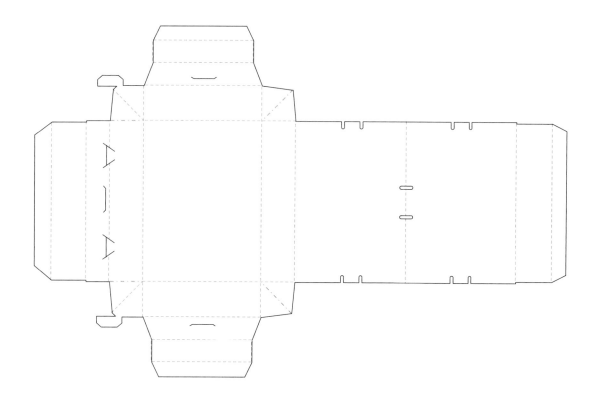

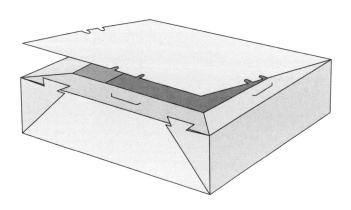

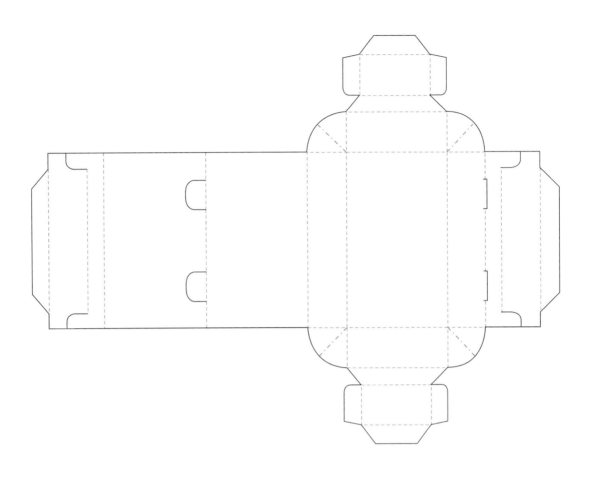

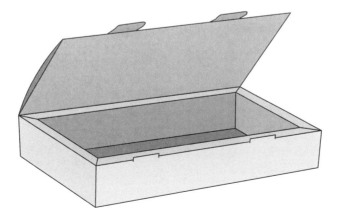

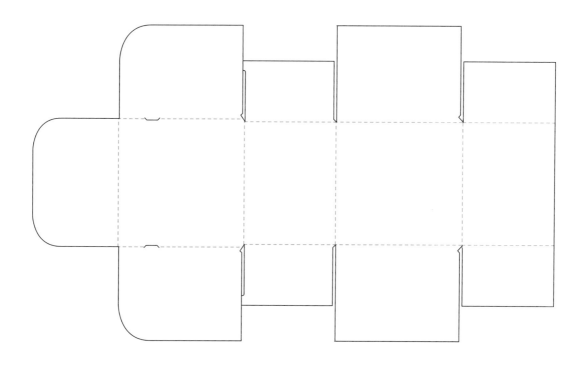

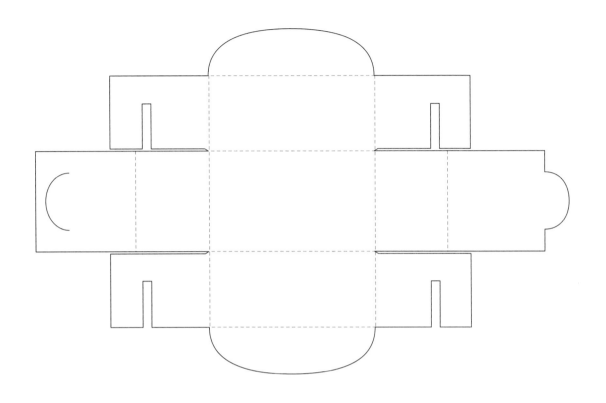

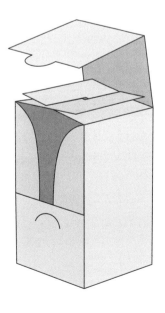

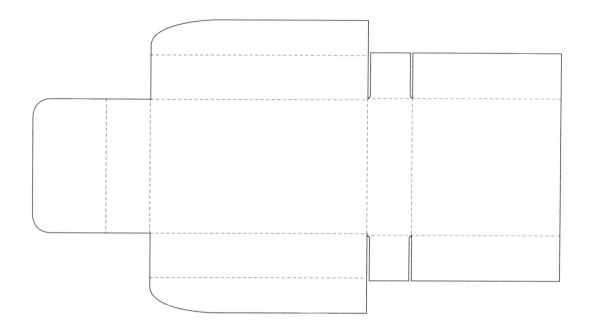

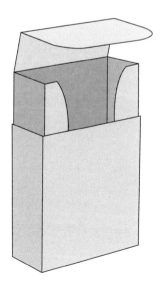

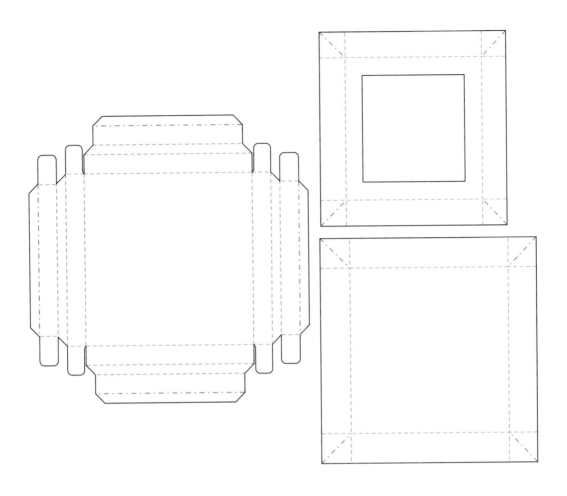

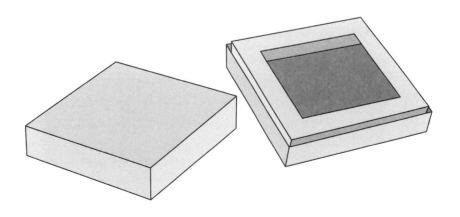

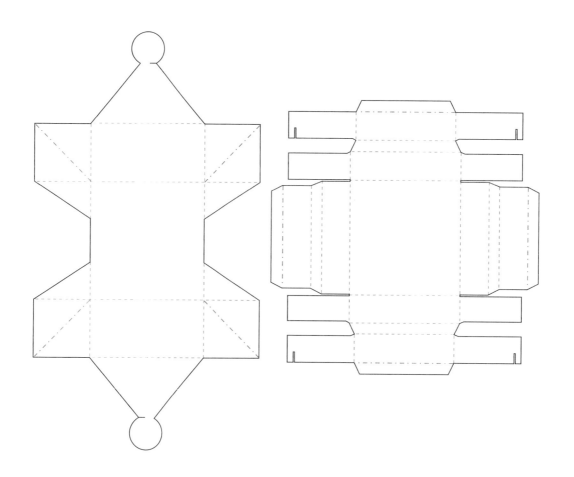

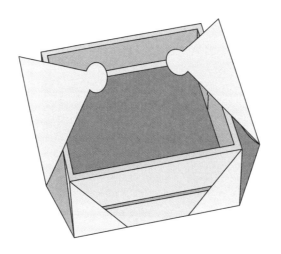

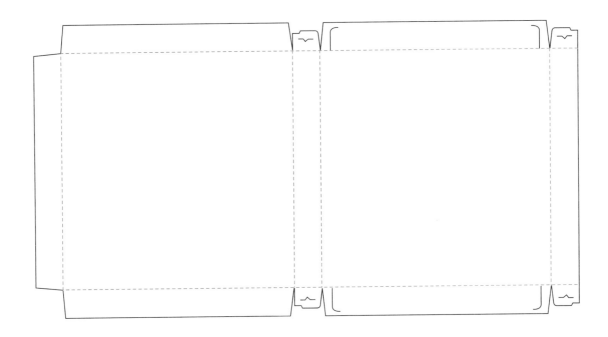

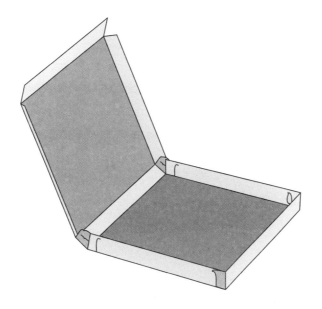

异形纸盒

免费赠送 AI 文件
扫描二维码，登入上
海人民美术出版社官
网，在课件中下载异
形纸盒 AI 文件。

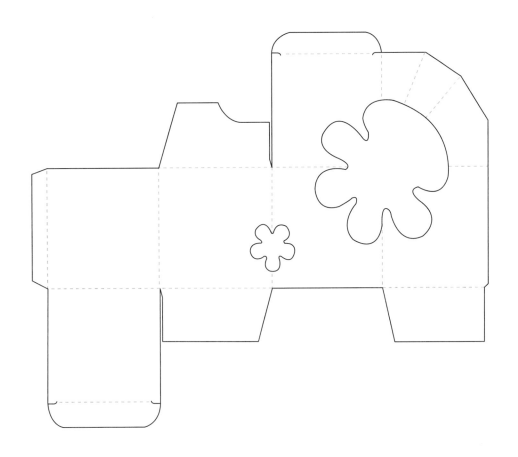

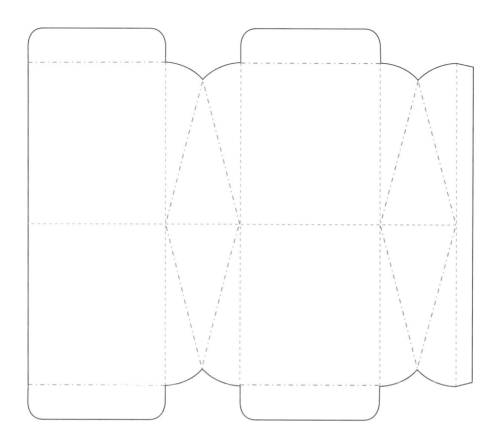

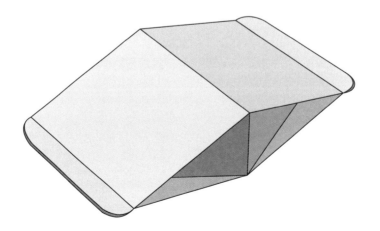

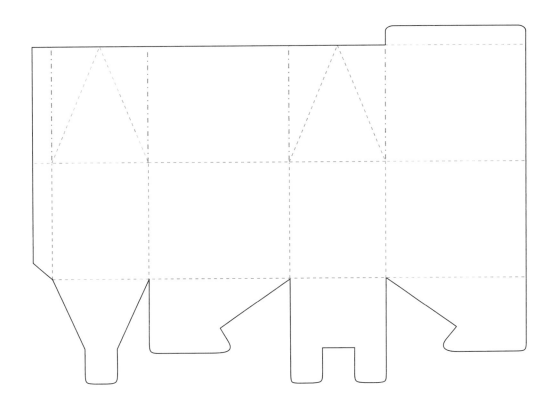

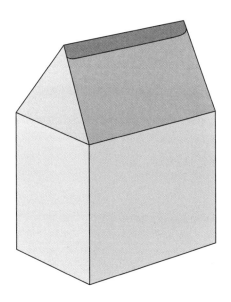

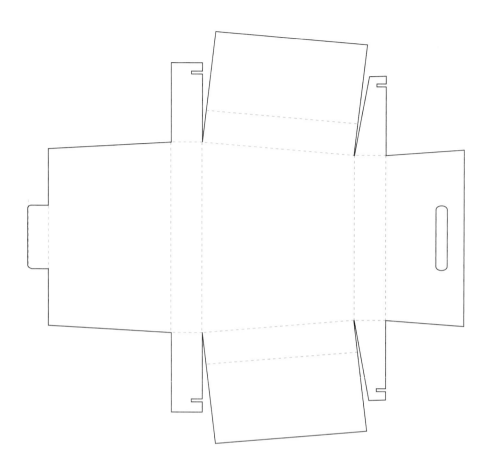

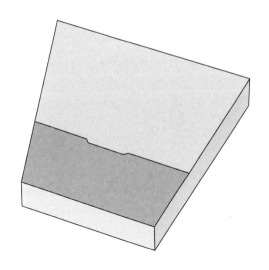

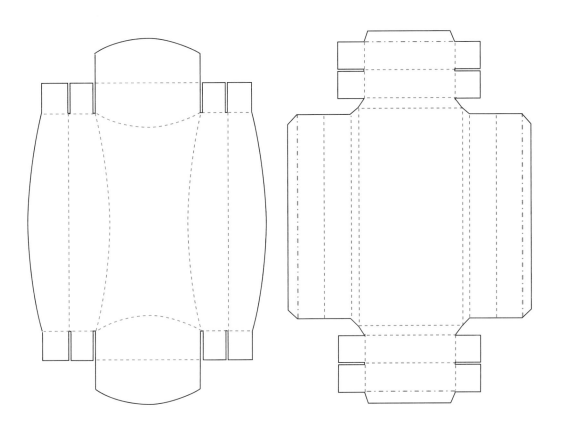

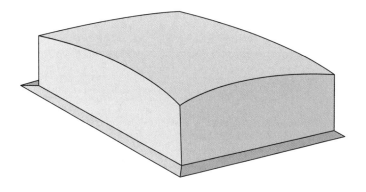

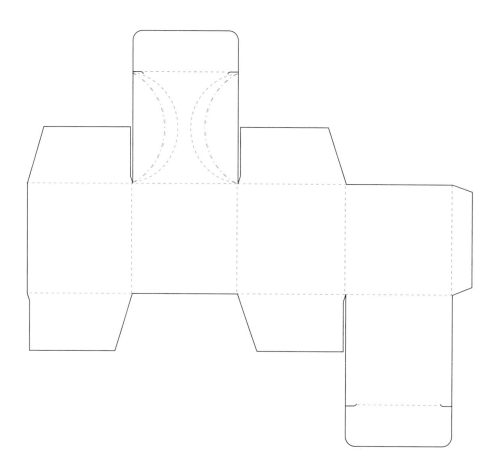

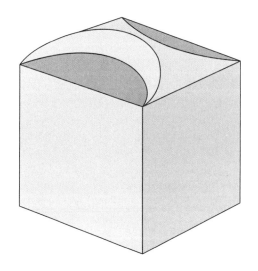

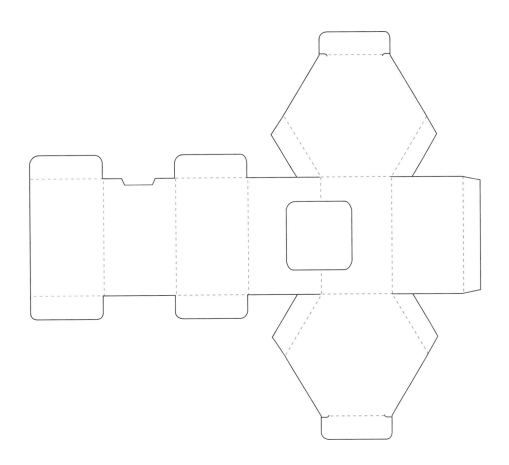

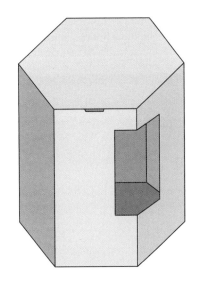

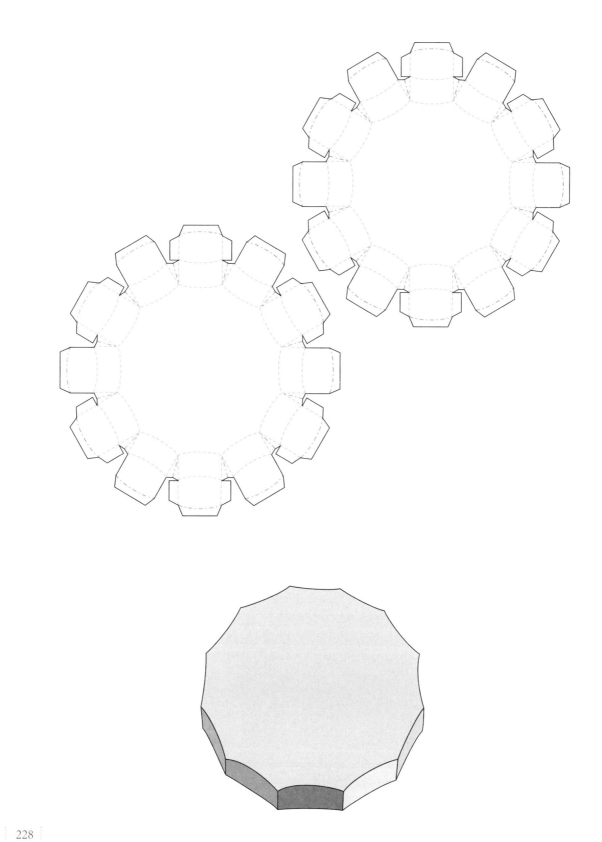

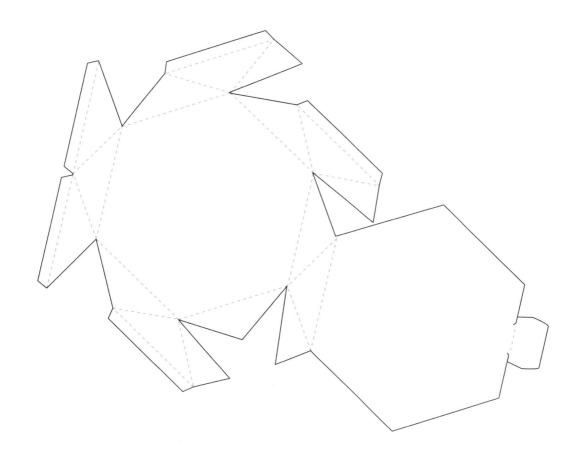

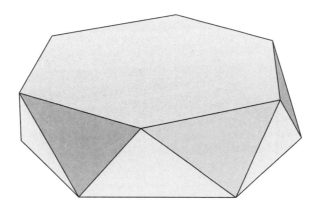

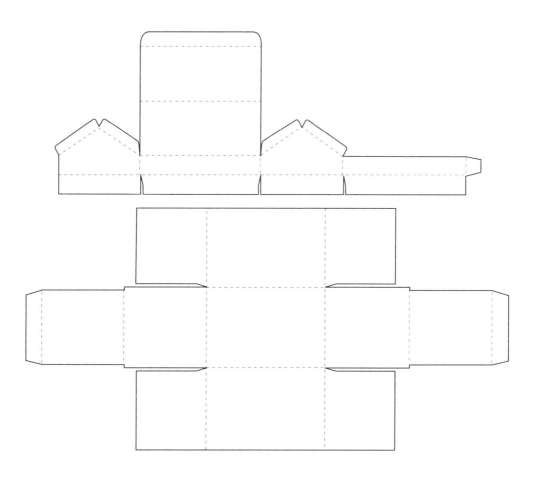

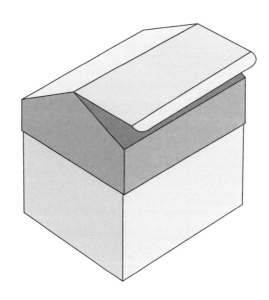

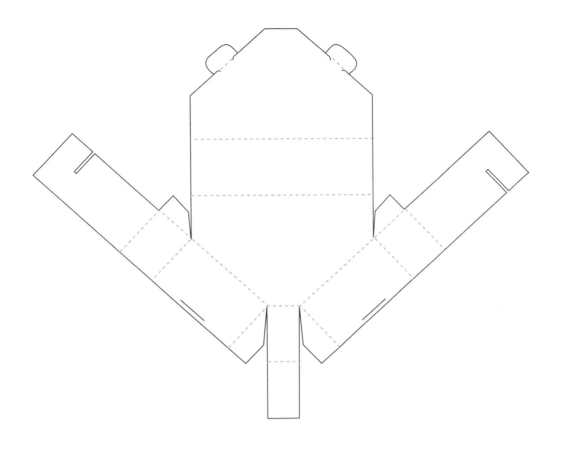

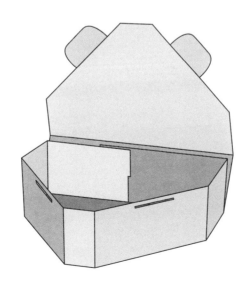

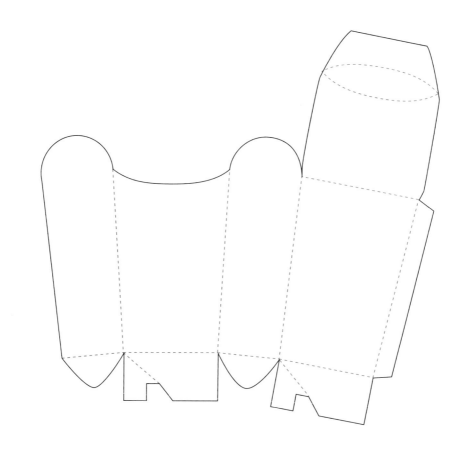

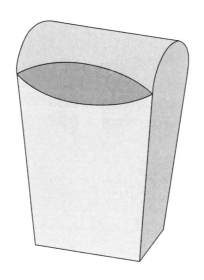

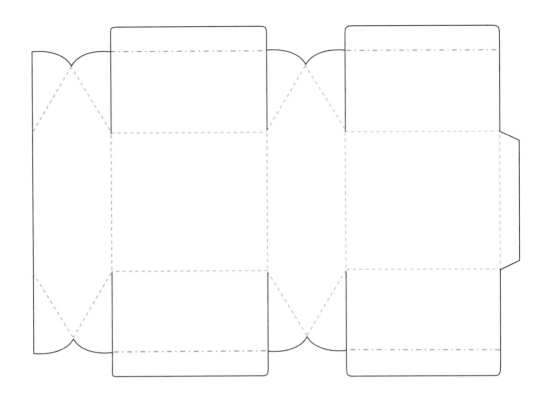

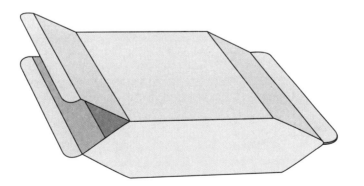

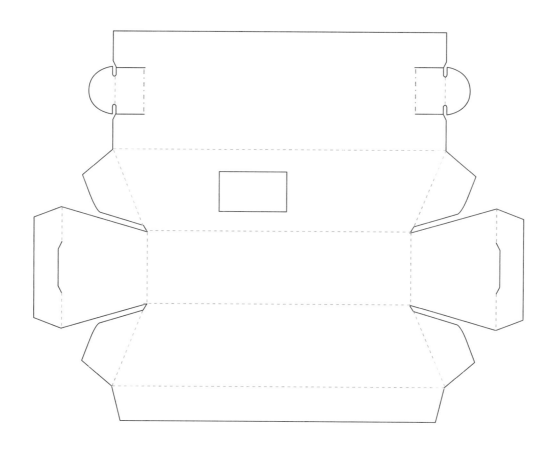

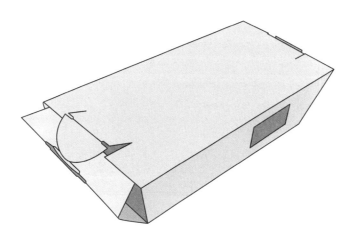

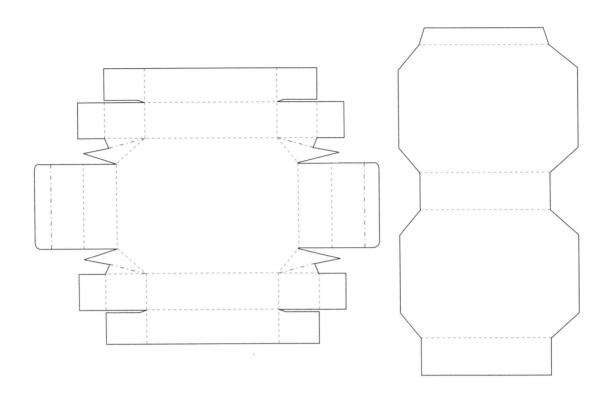

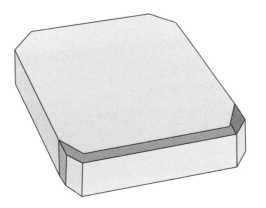

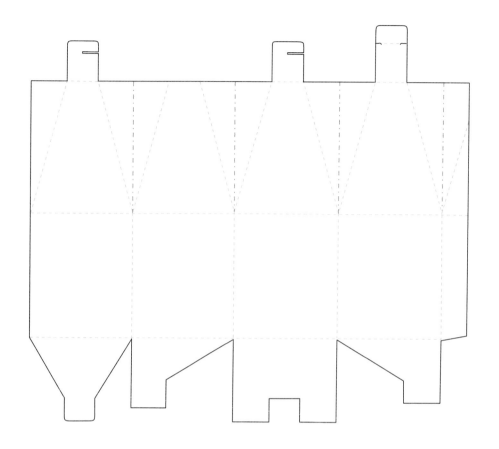

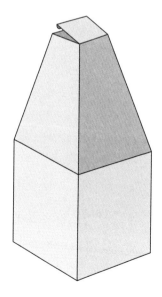

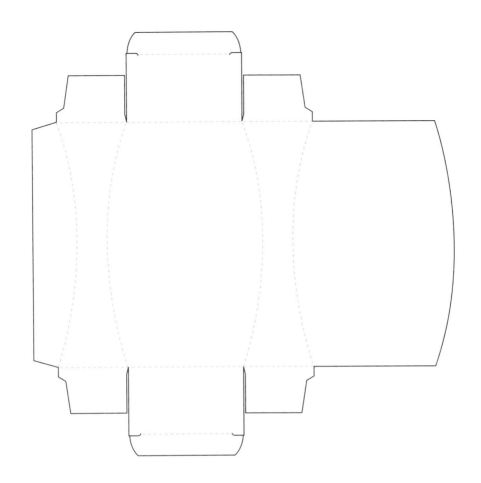

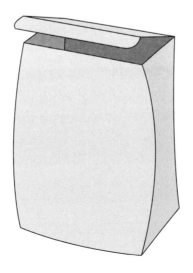

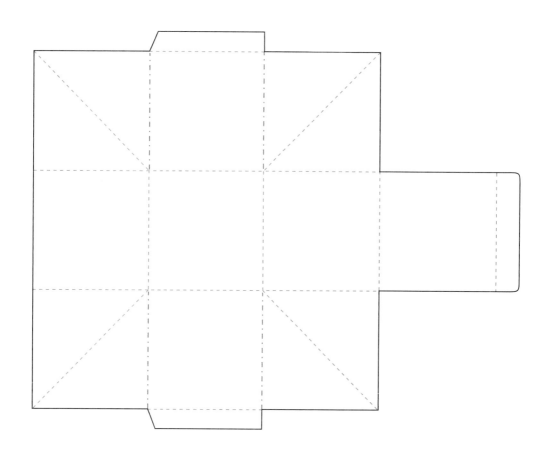

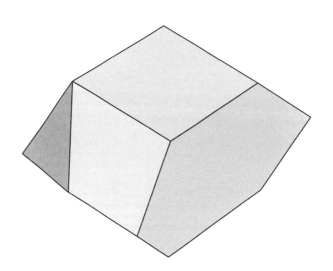

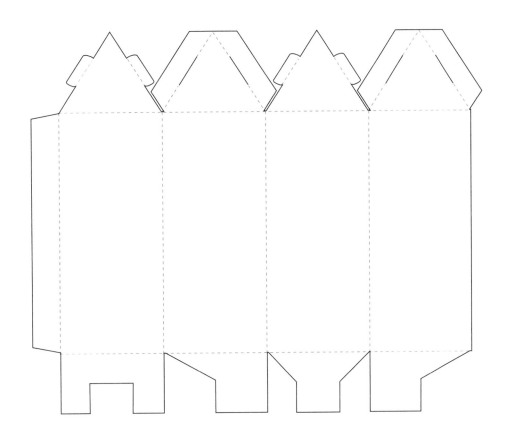

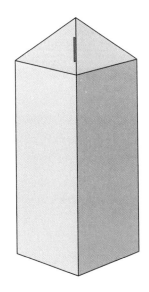

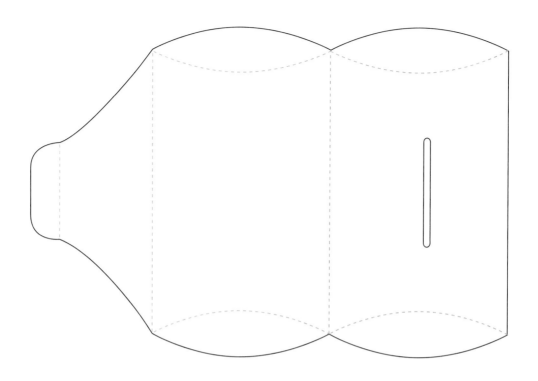

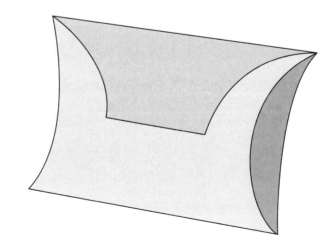

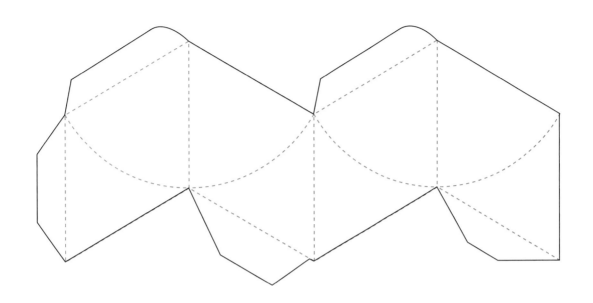

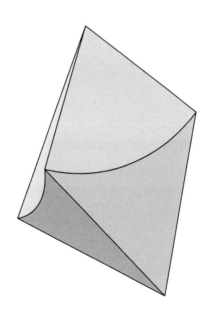

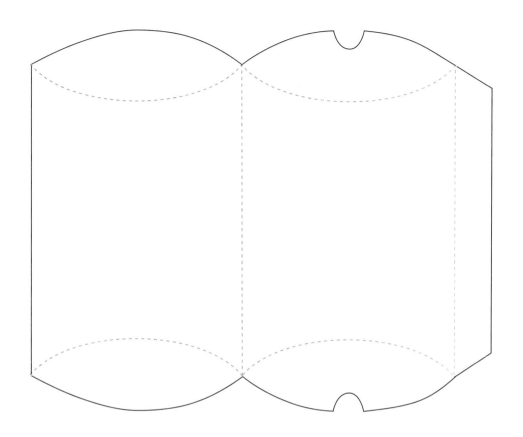

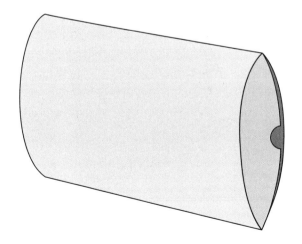

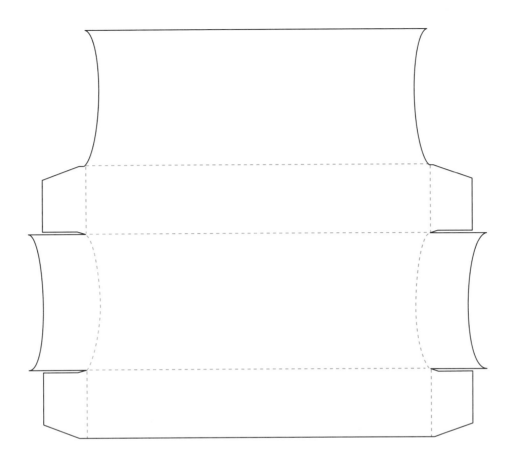

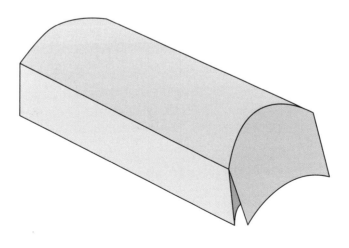

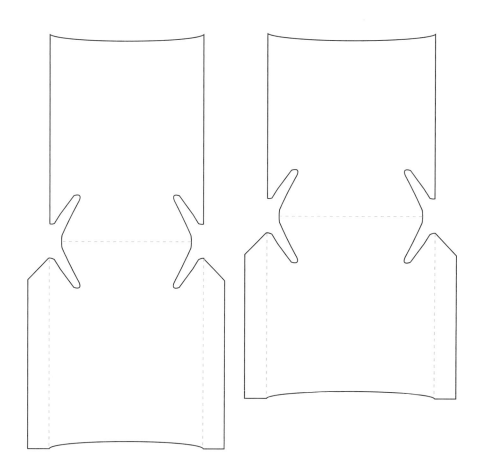

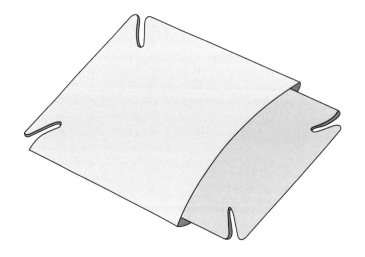

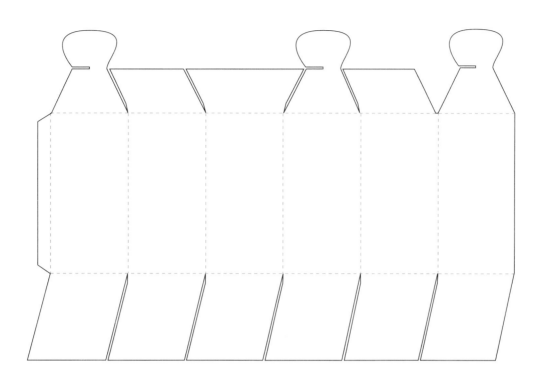

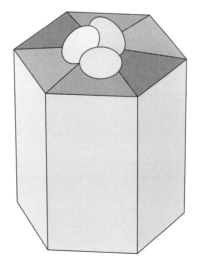

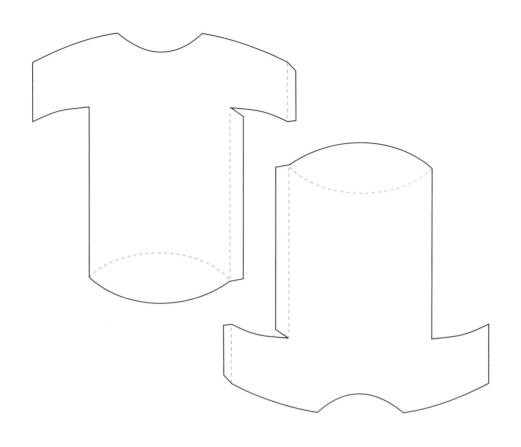

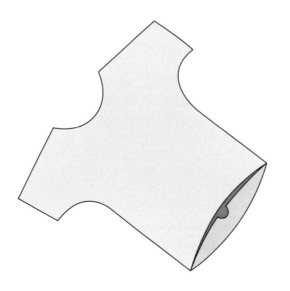

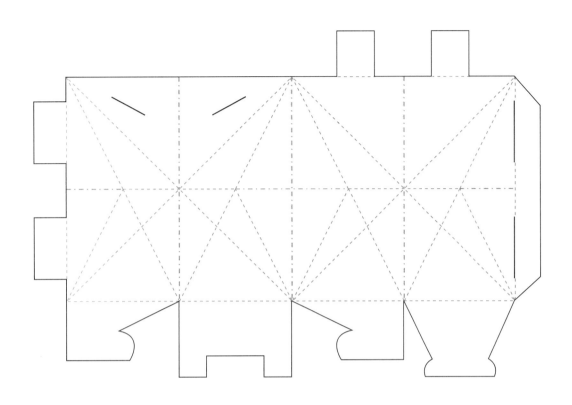

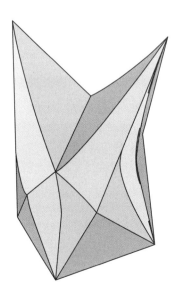

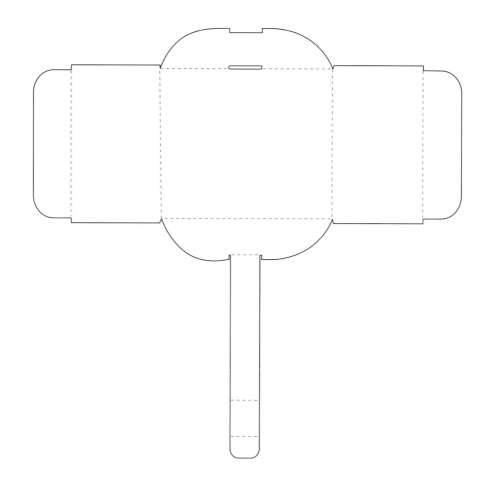

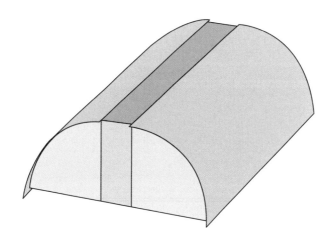

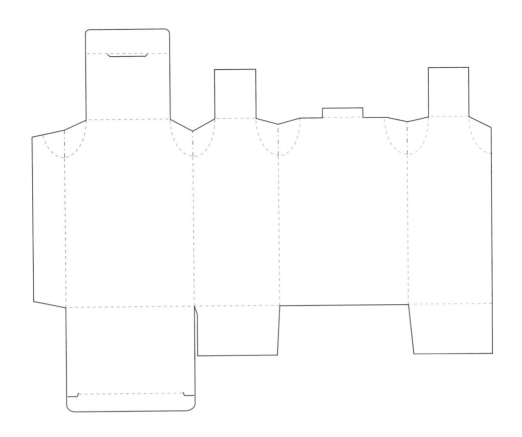

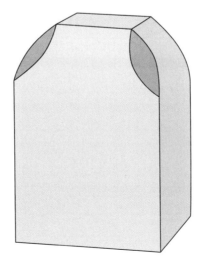

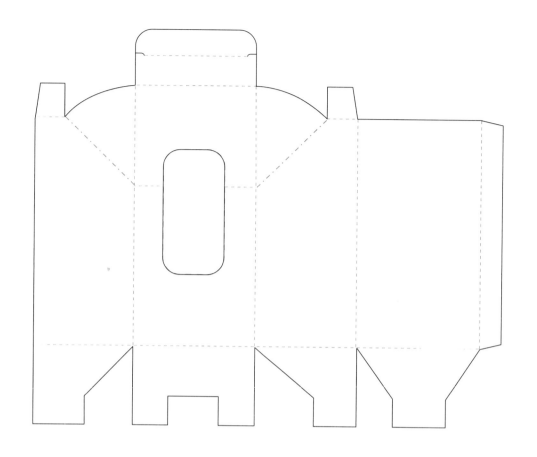

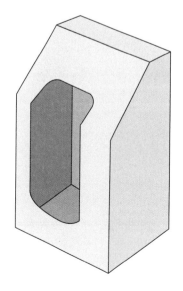

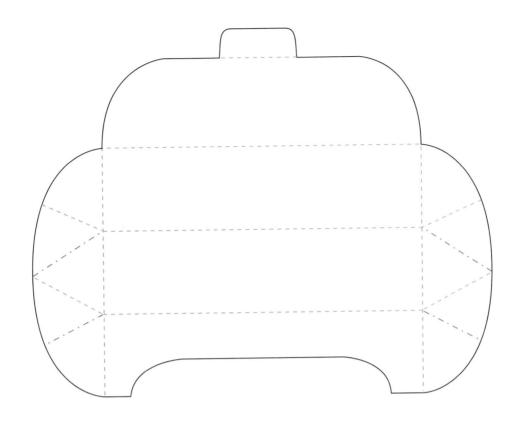

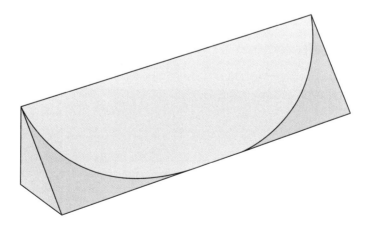

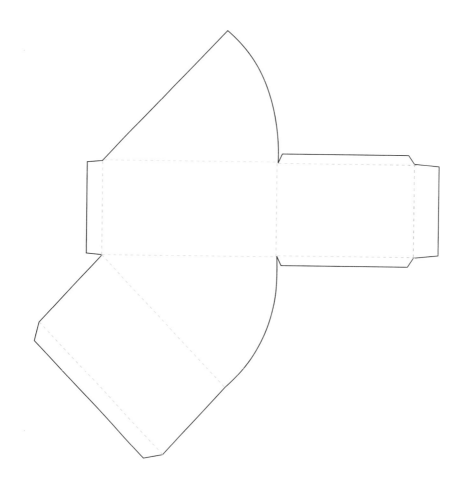

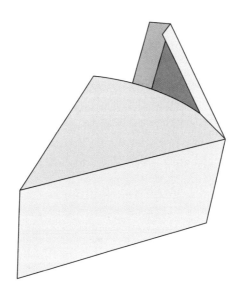

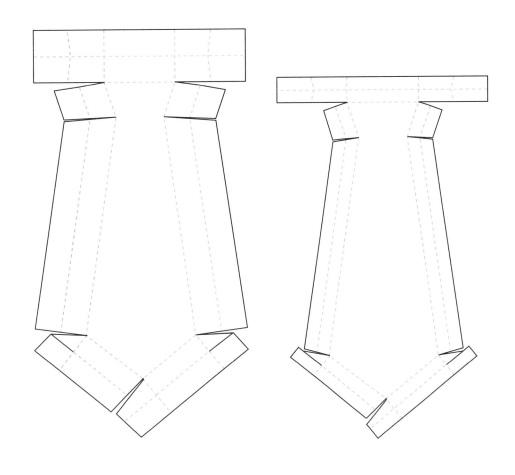

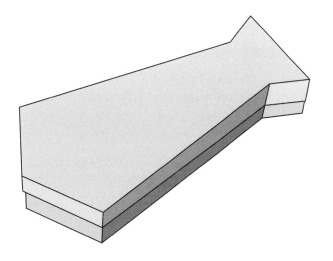

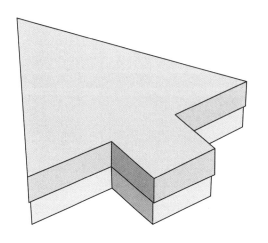

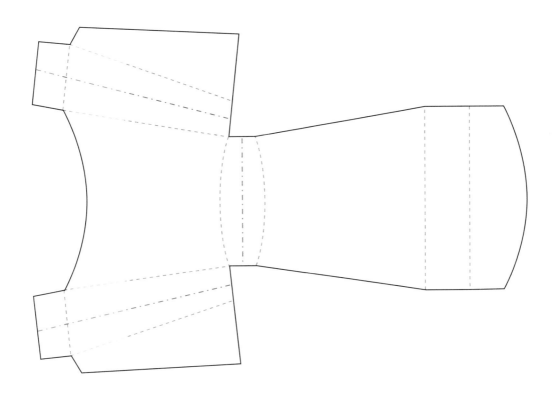

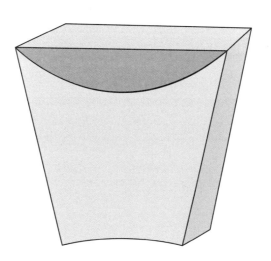

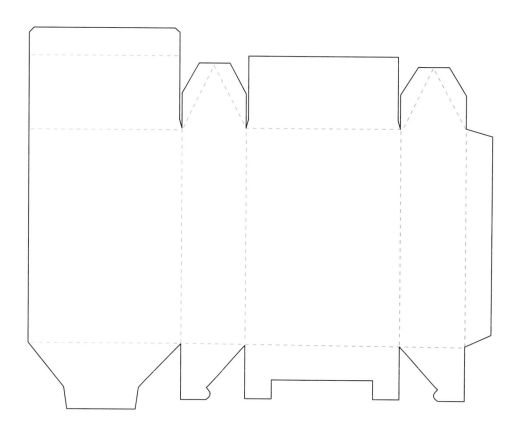

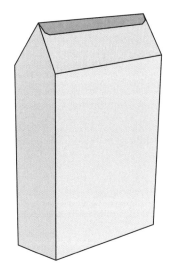

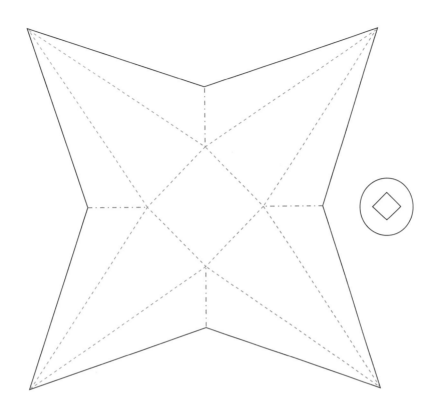

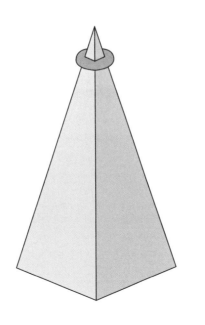

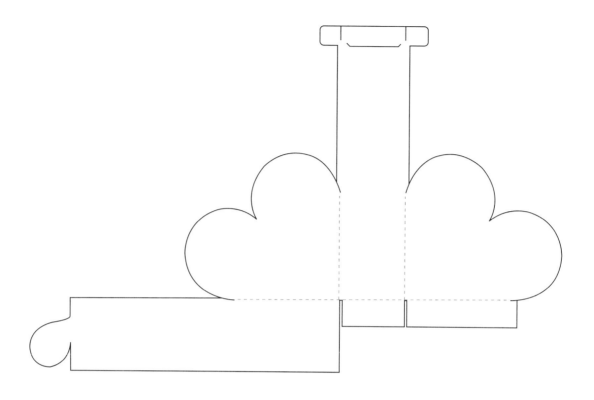

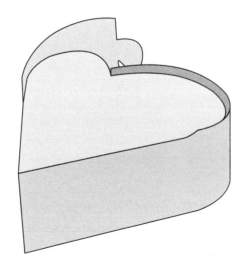

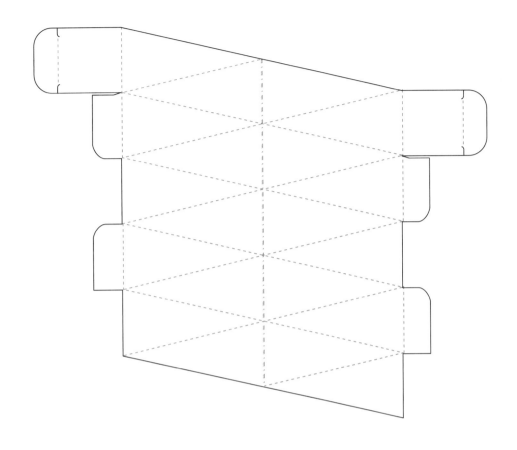

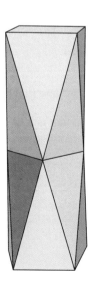

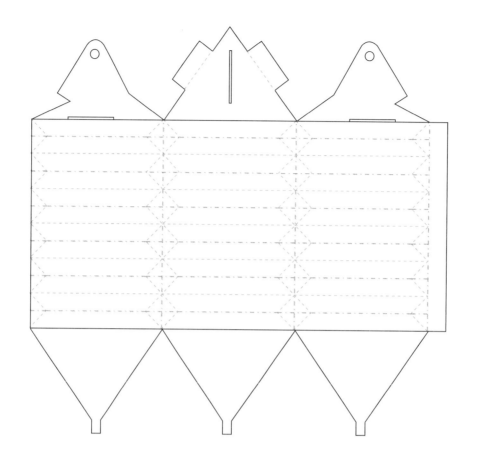

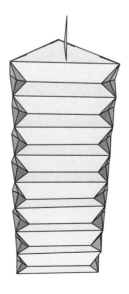

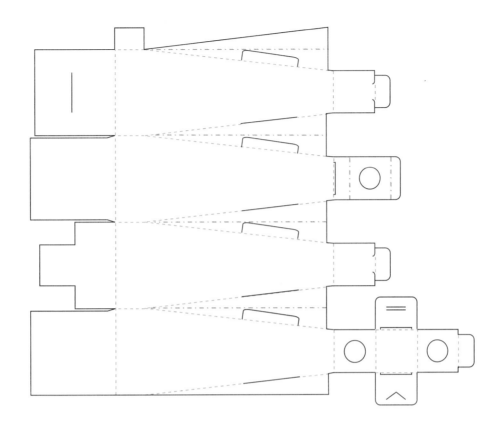

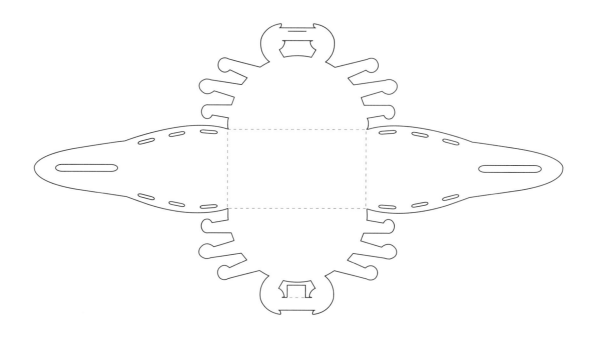

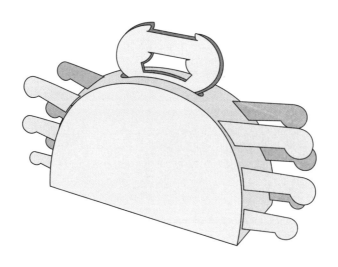

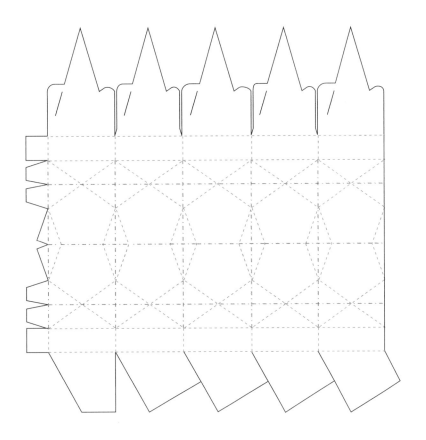

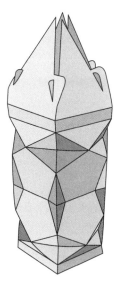

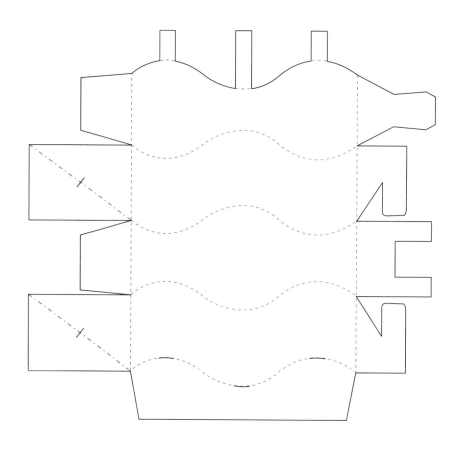

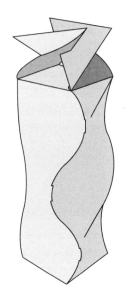

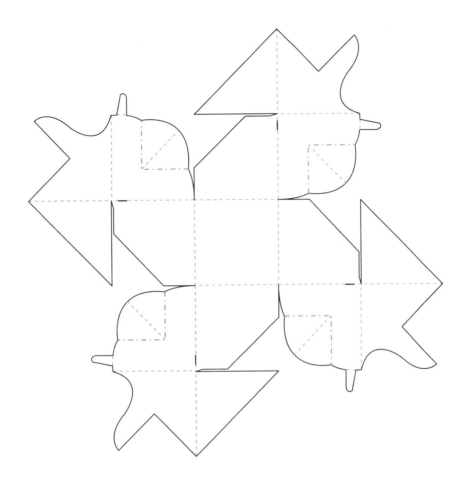

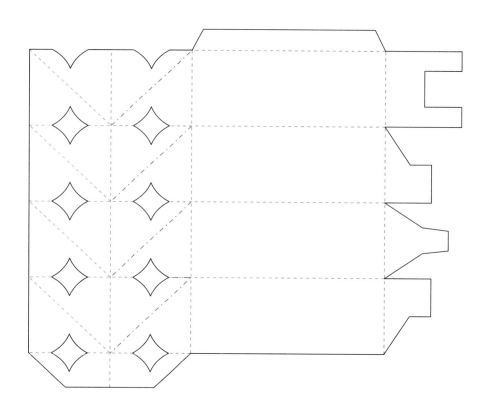

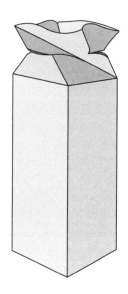

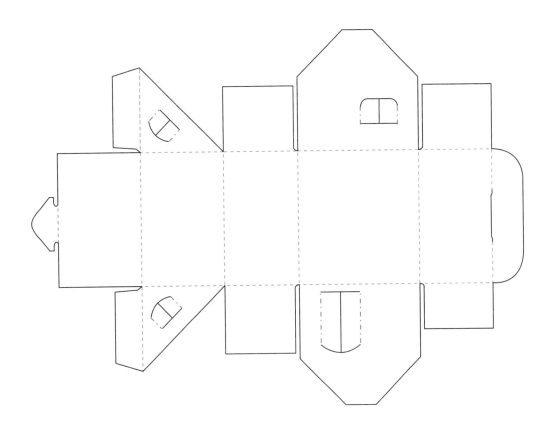

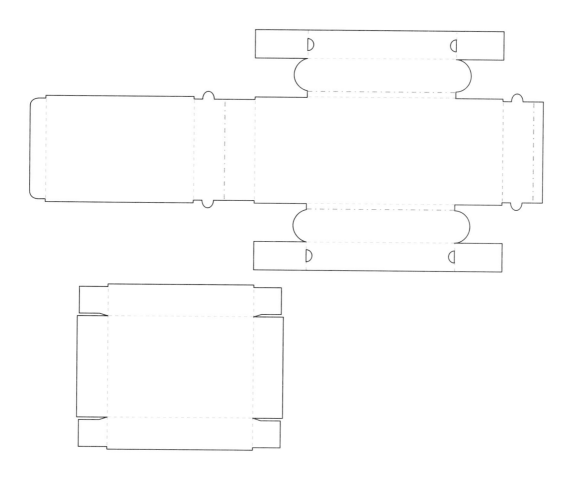

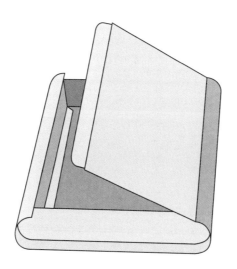

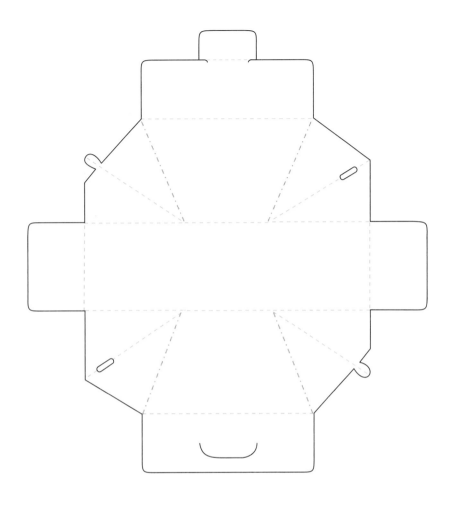

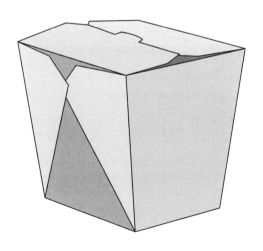

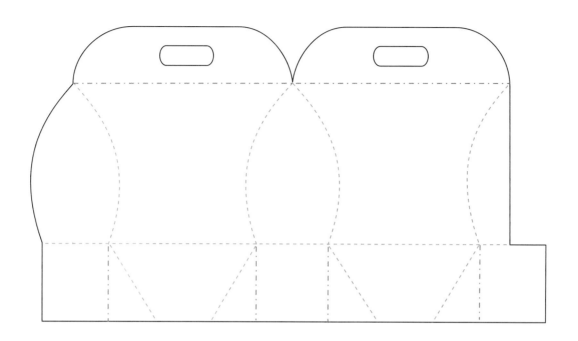

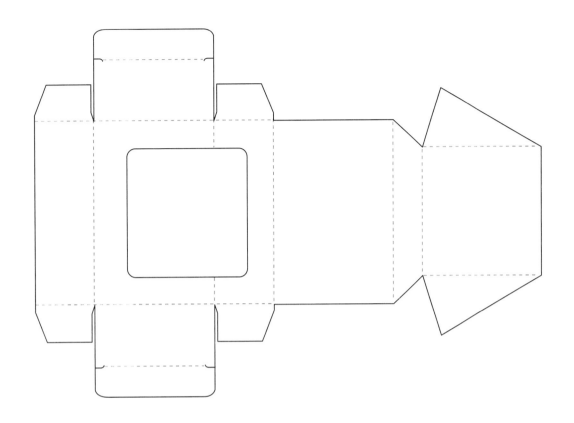

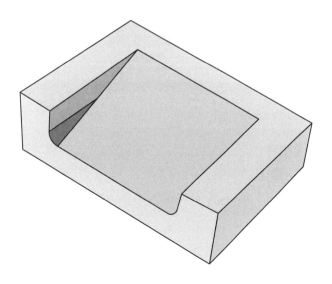

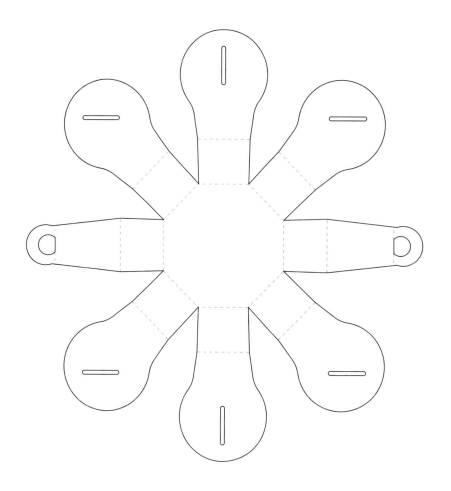

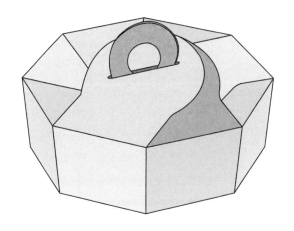

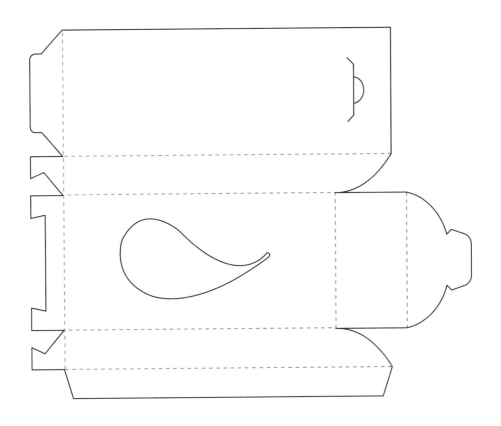

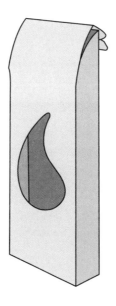

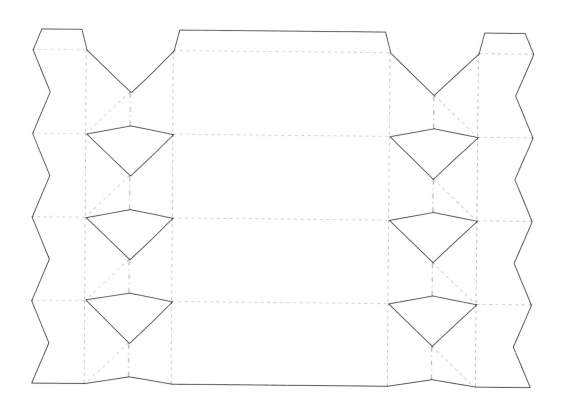

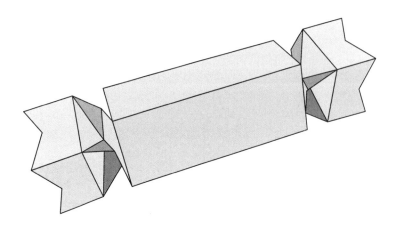

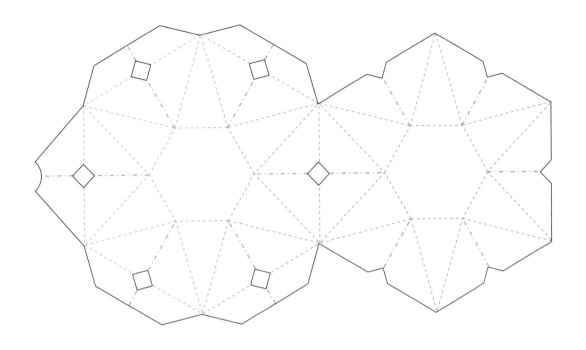

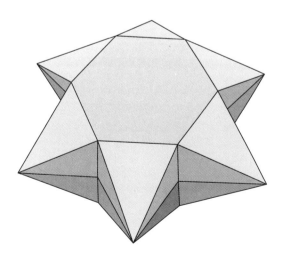

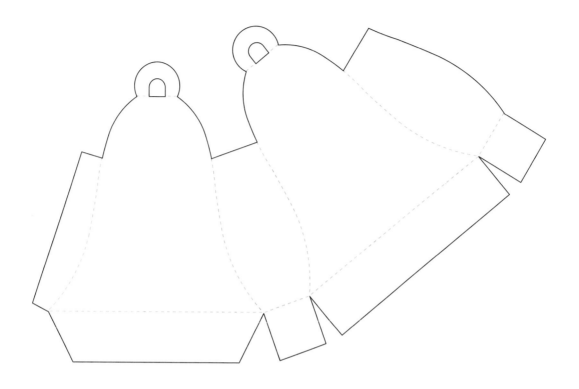

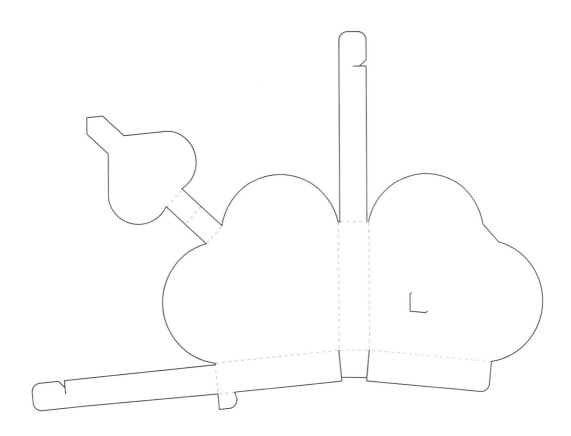

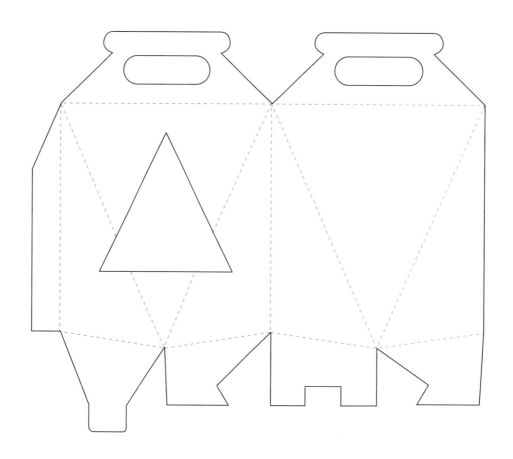

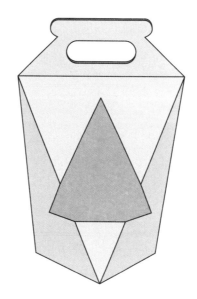

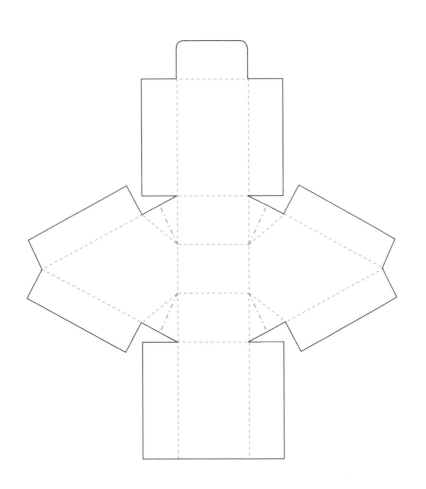

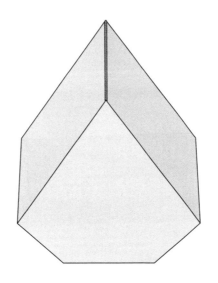

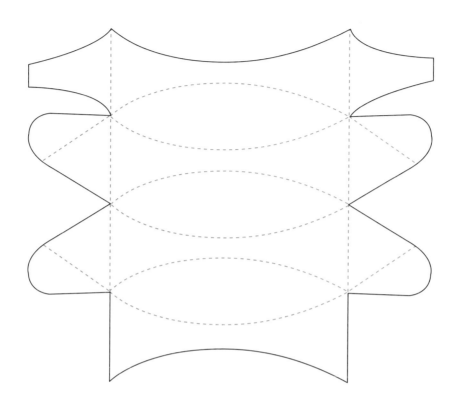

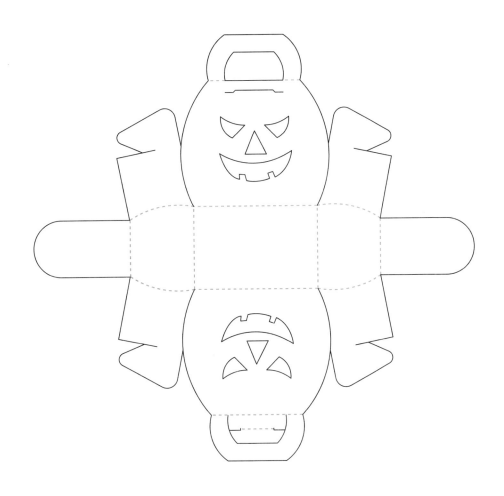

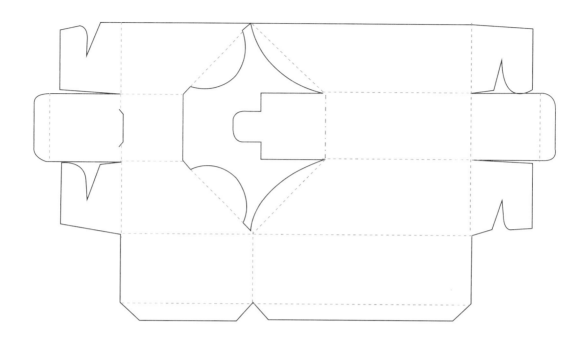

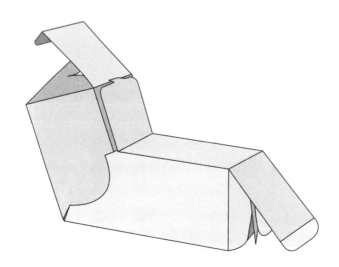

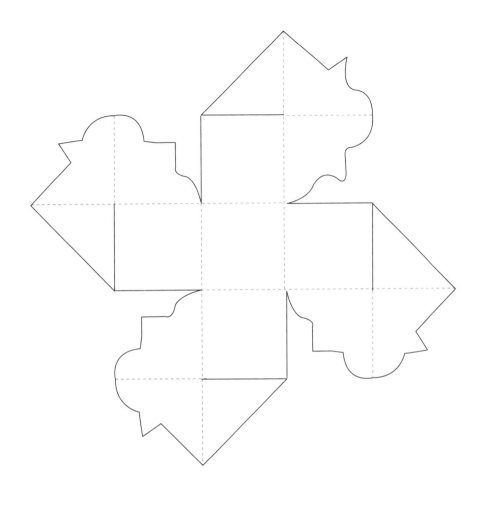

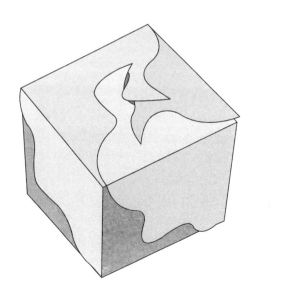

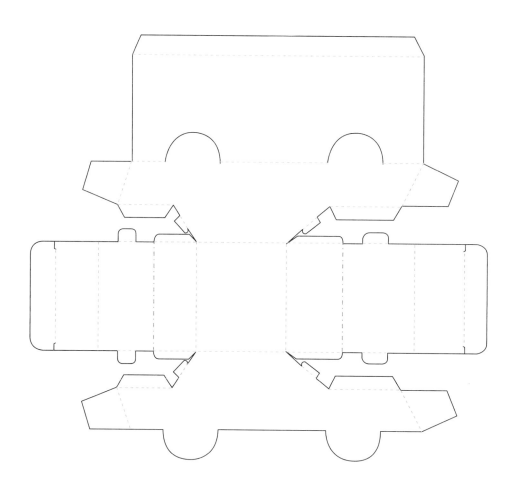

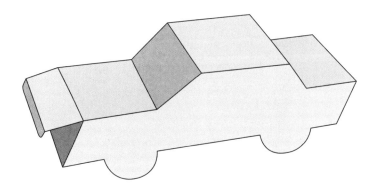

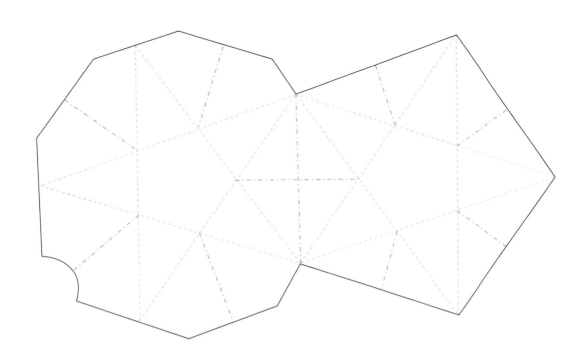

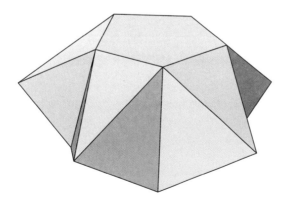

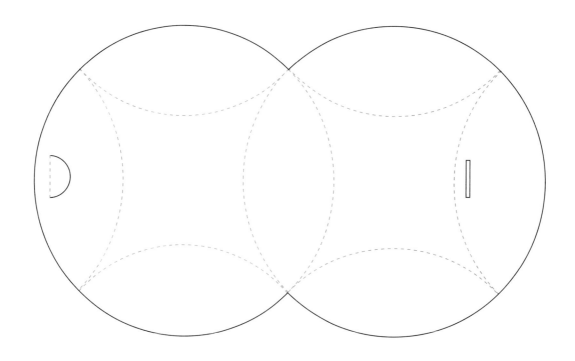

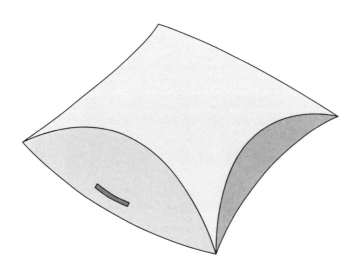

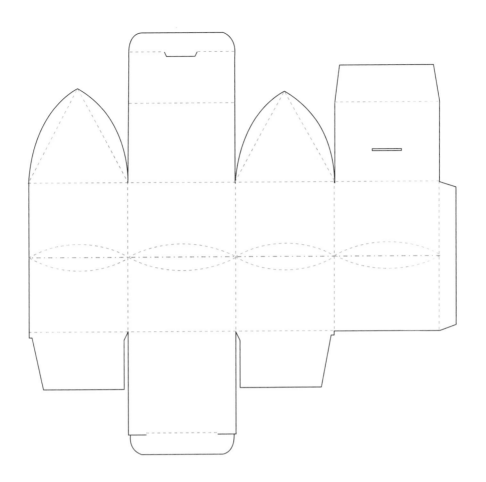

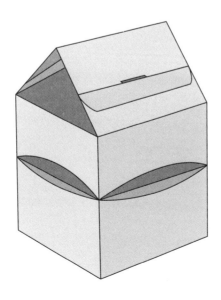

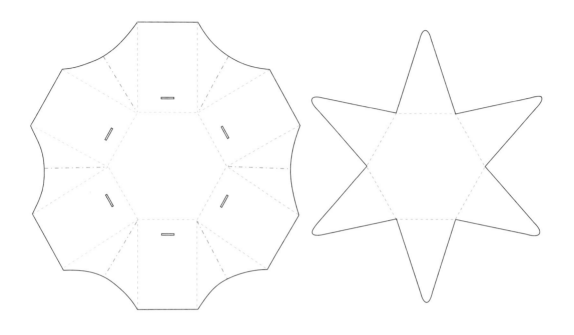

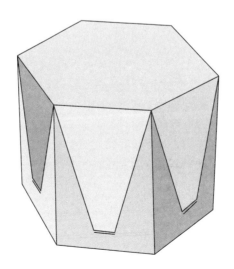

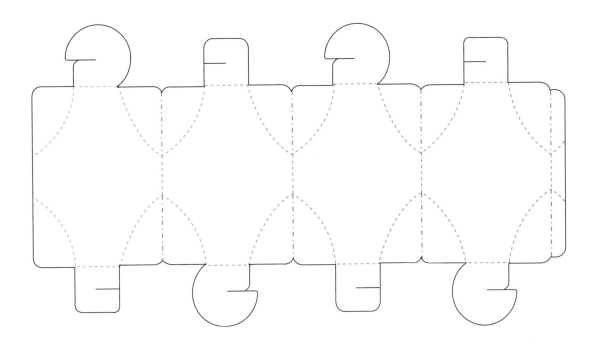

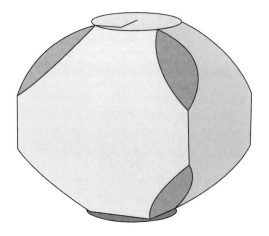

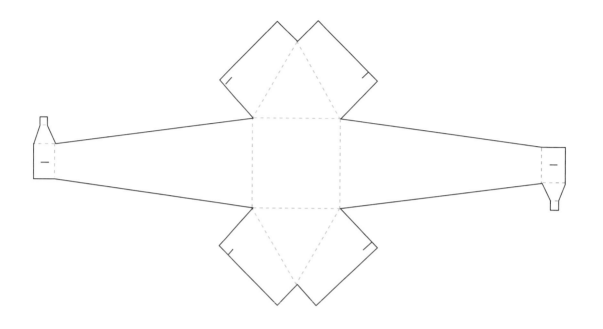

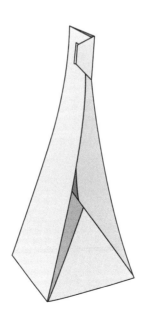

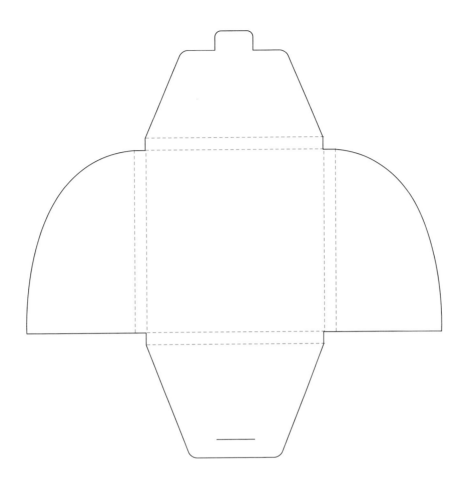

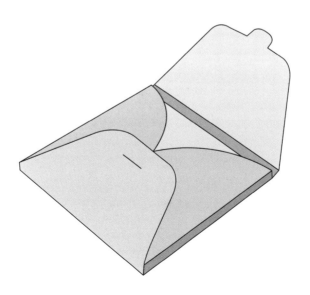

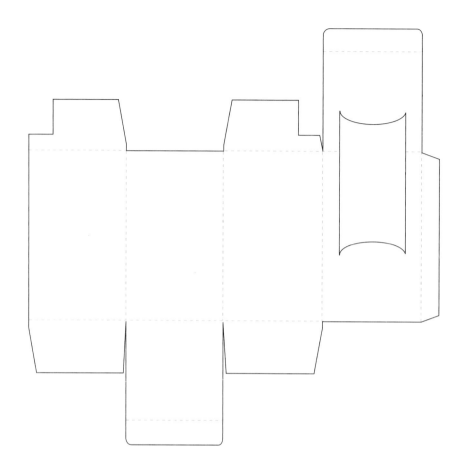

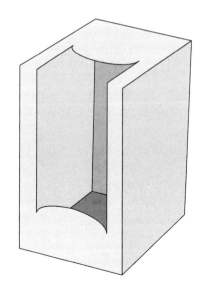

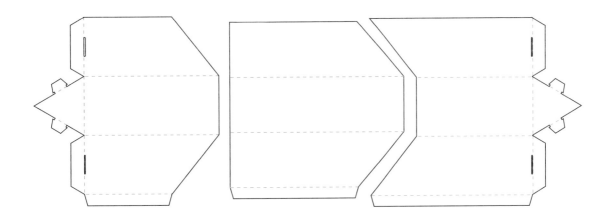

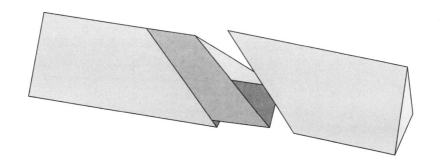

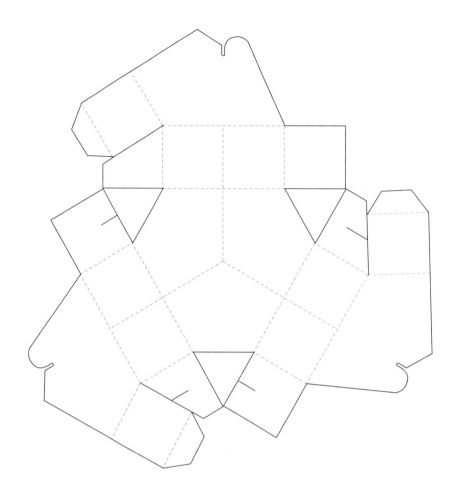

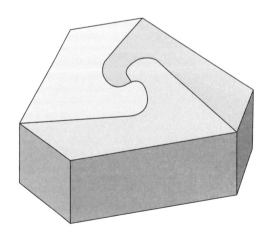

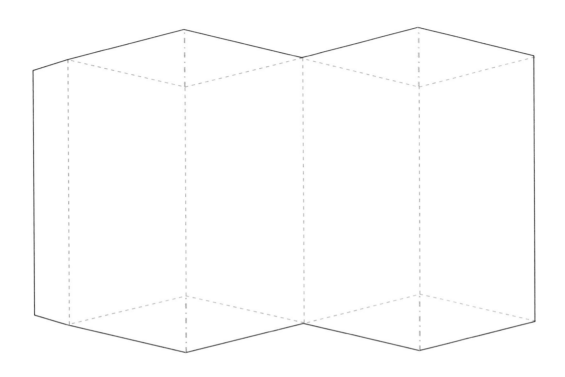

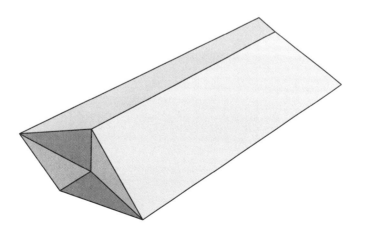

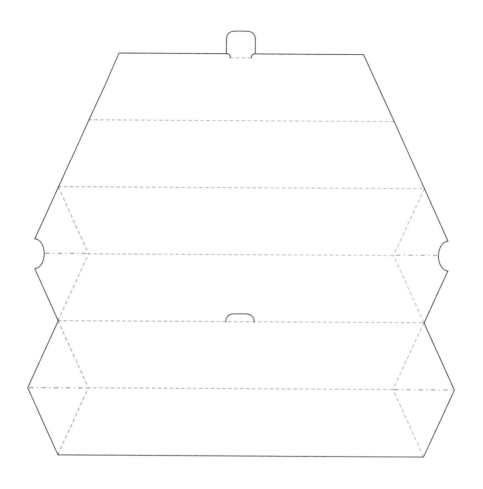

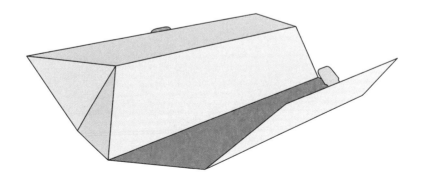

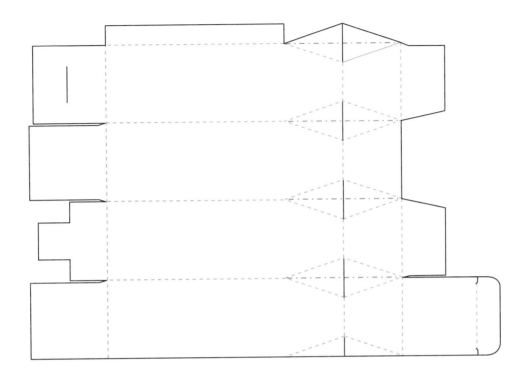

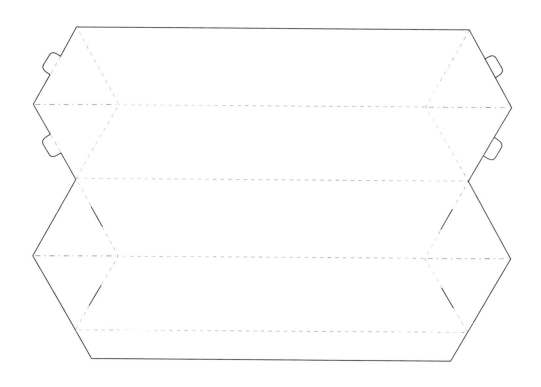

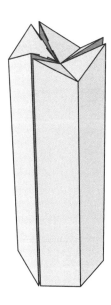

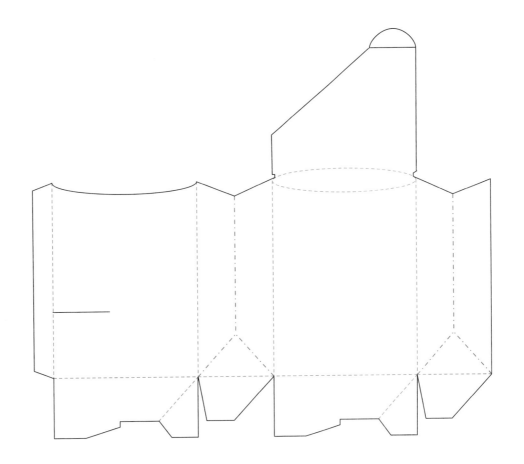

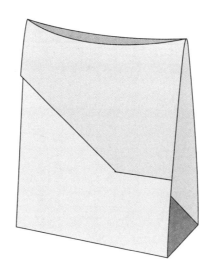

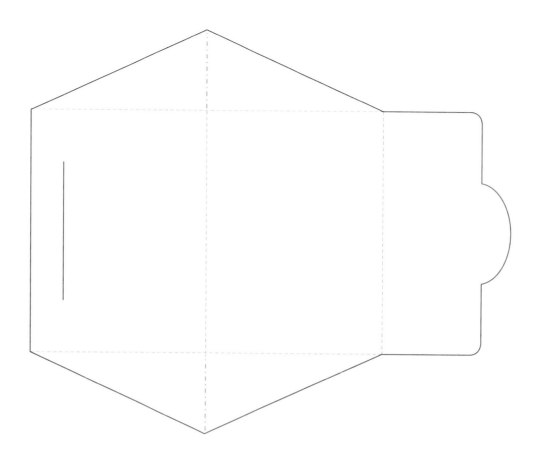

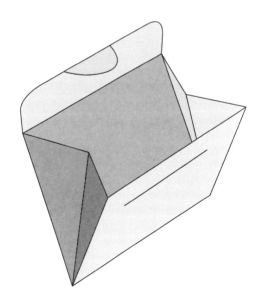

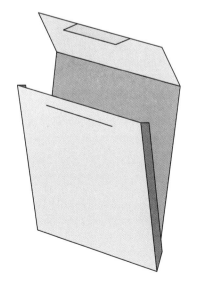

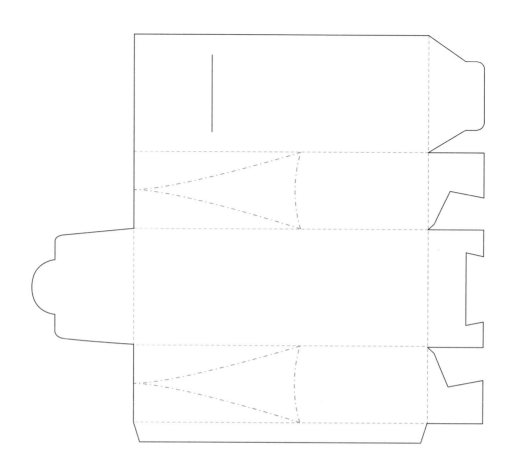

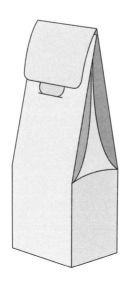

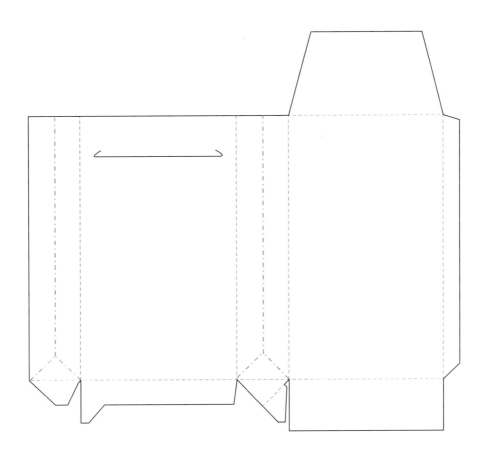

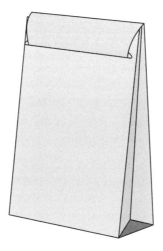

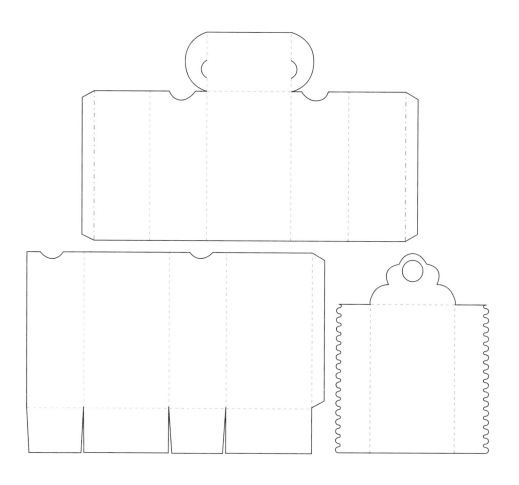

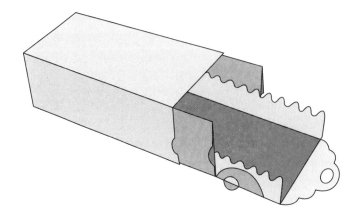

手提纸盒

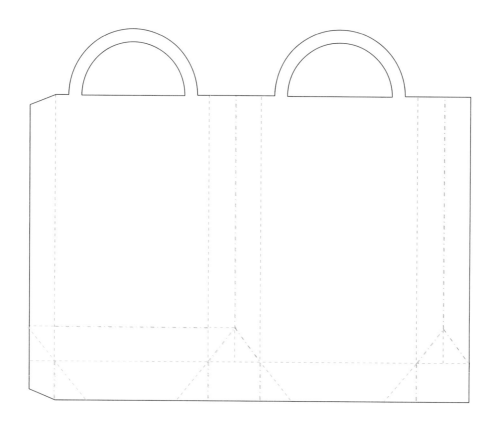

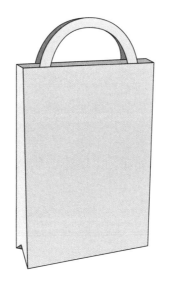

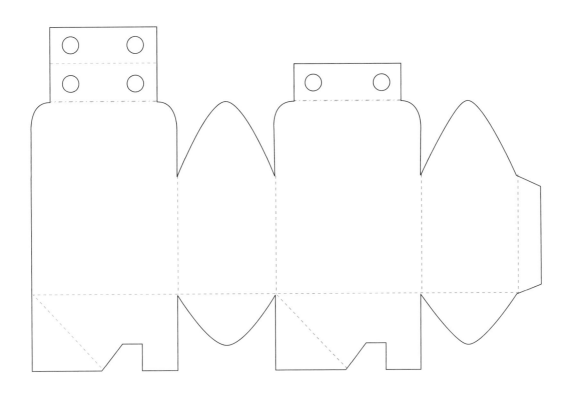

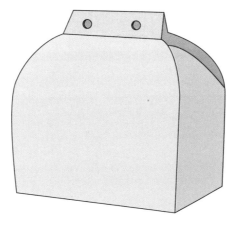

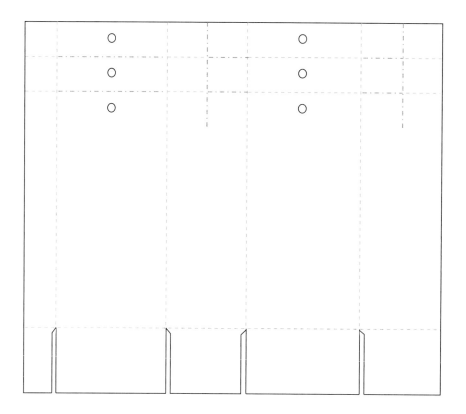

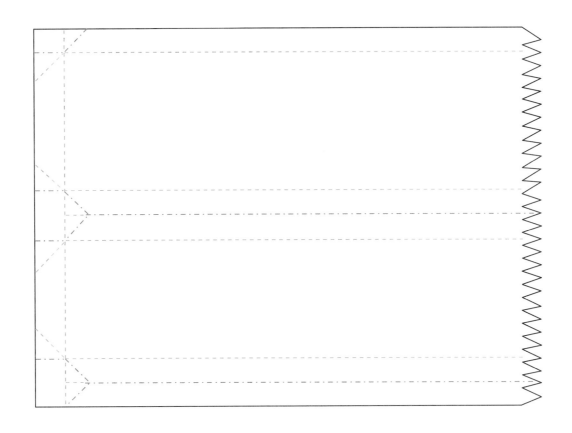

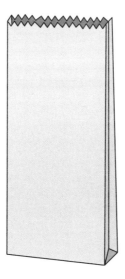

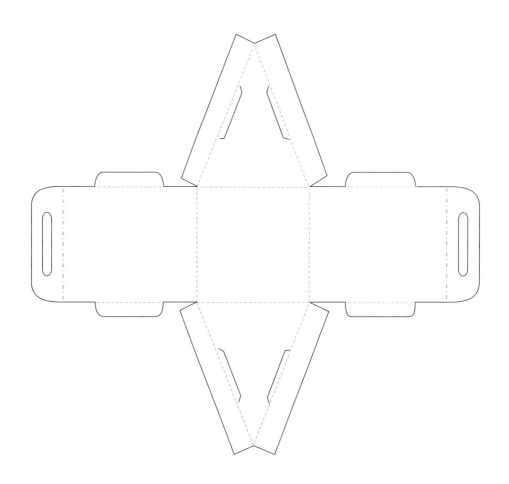

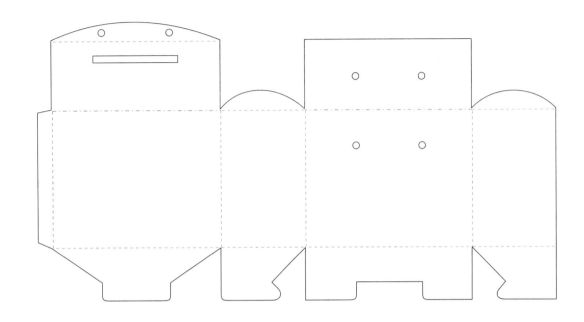

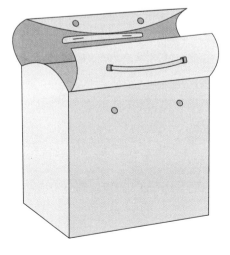

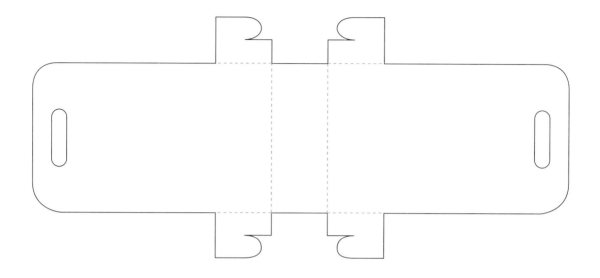

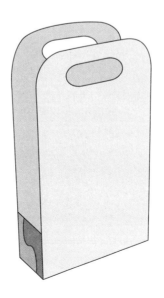

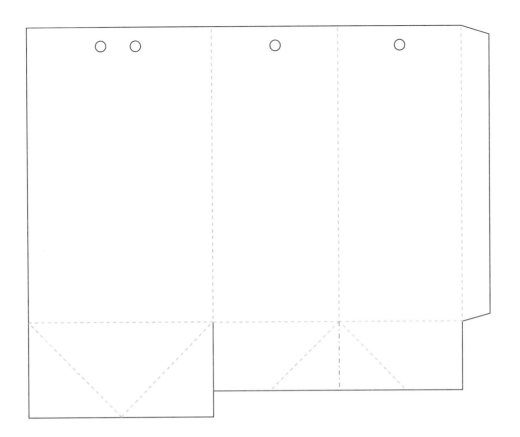

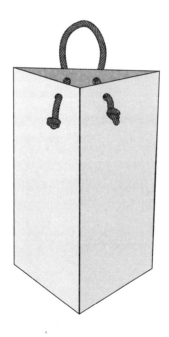

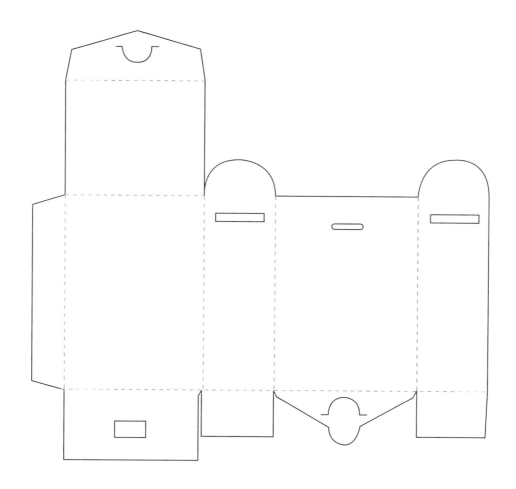

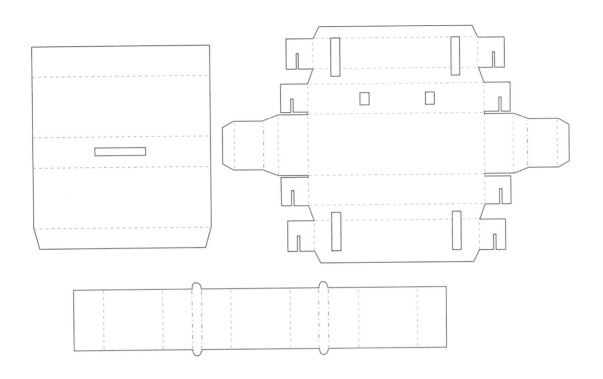

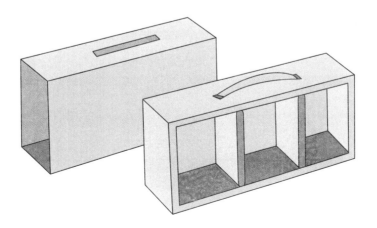

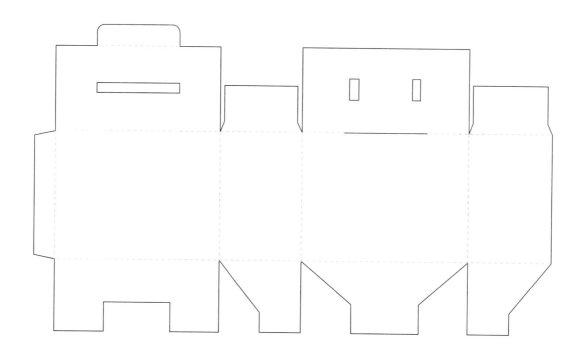

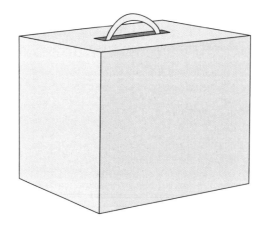

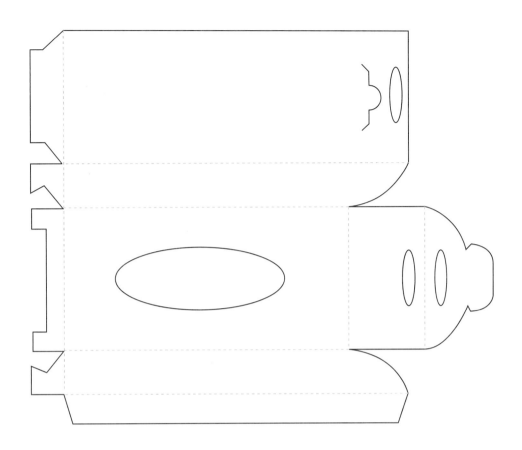

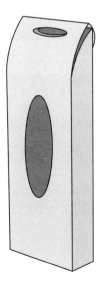

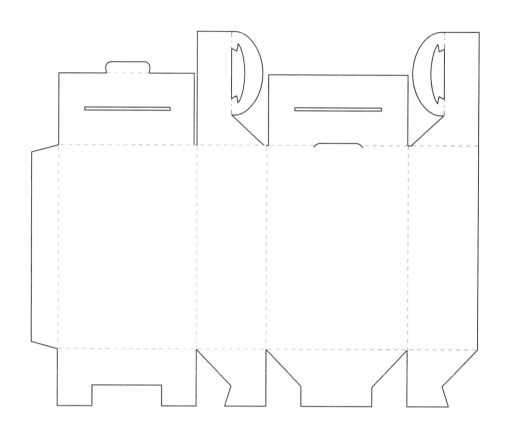

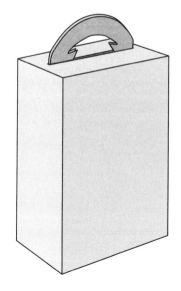

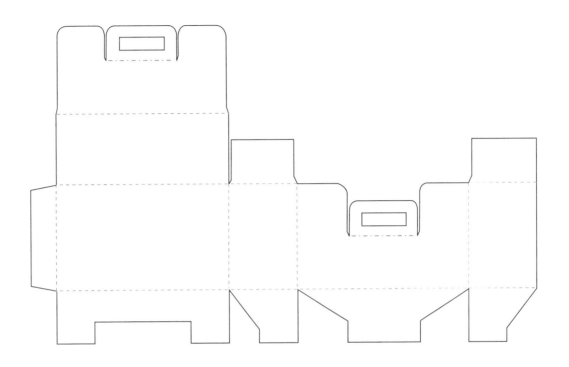

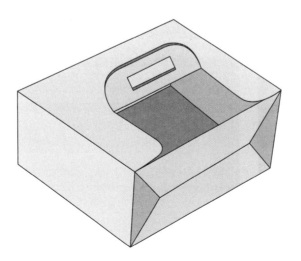

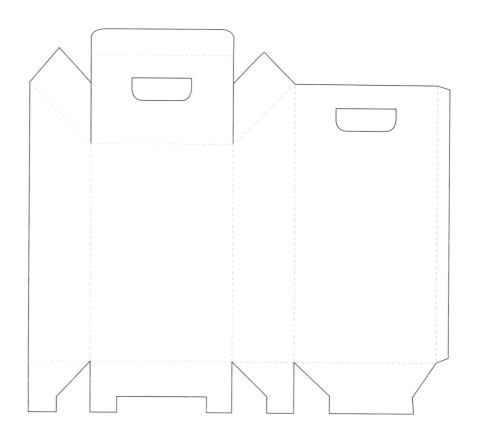

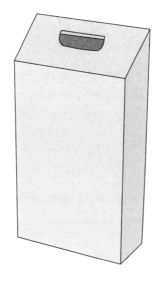

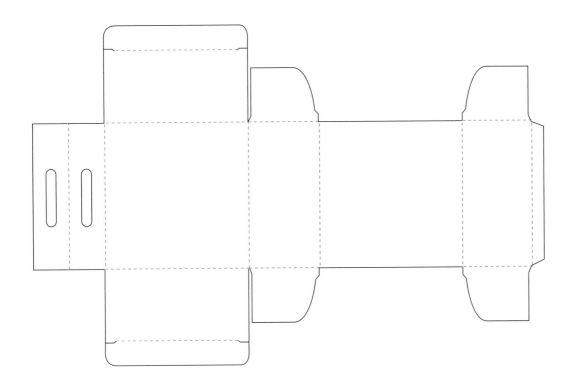

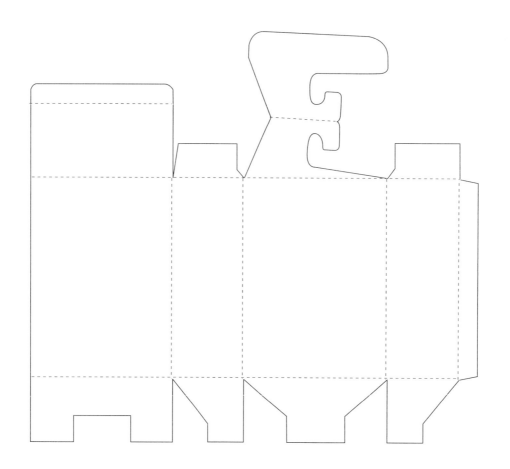

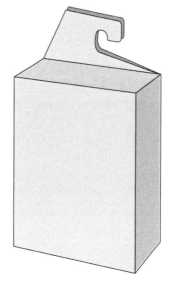

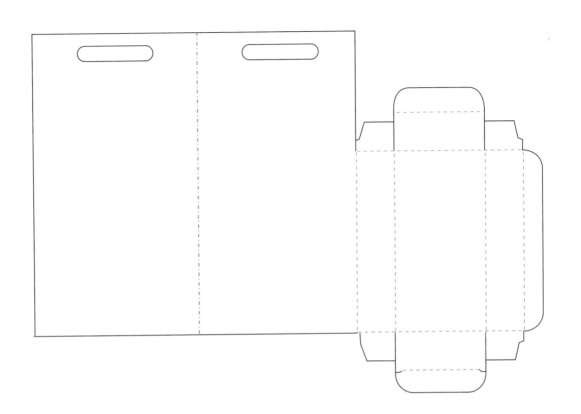

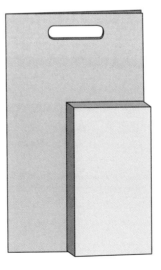

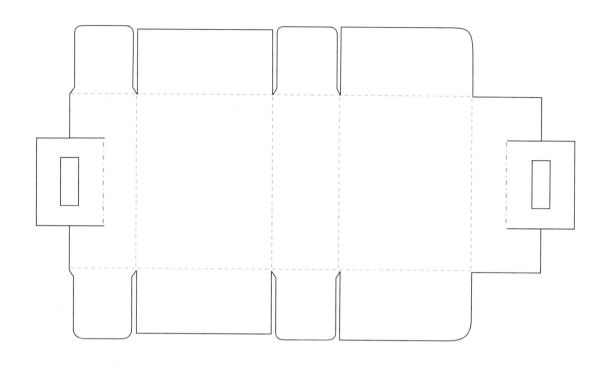

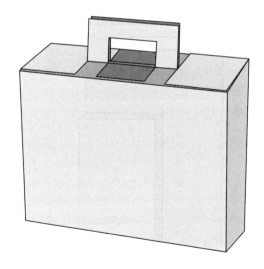

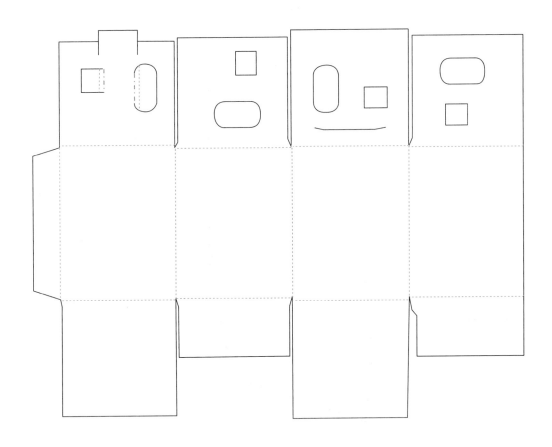

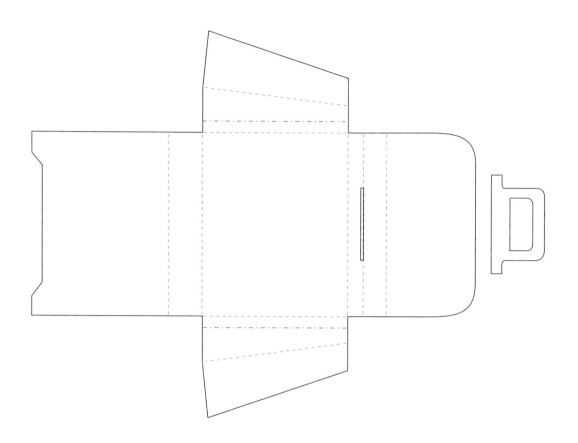

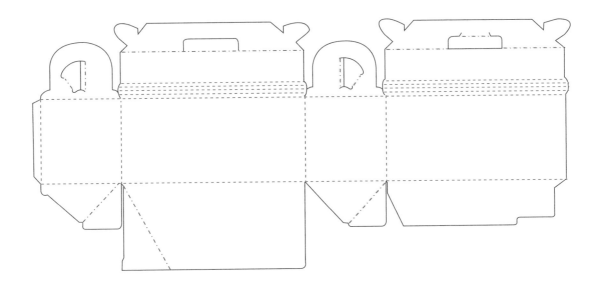

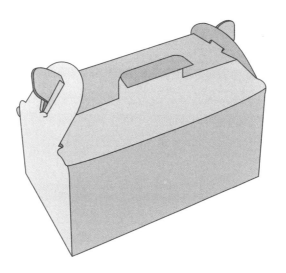

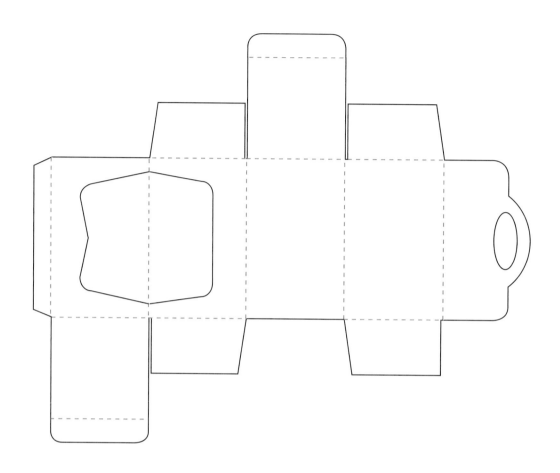

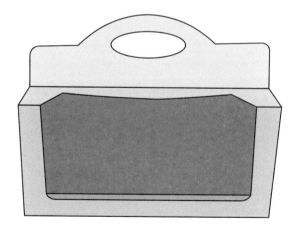

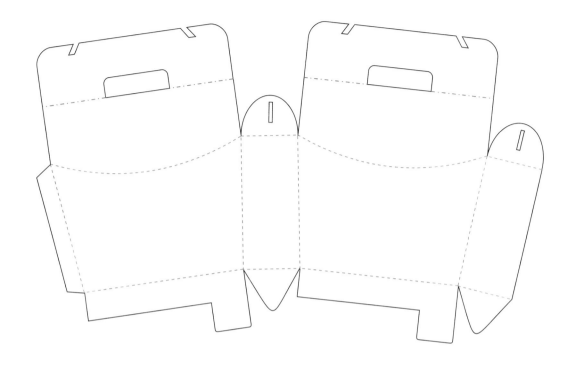

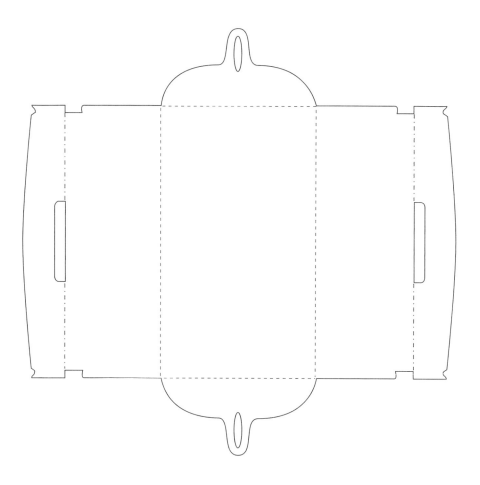

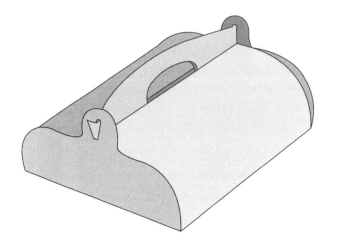

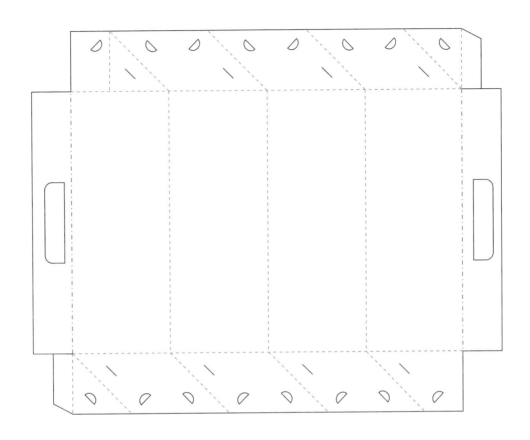

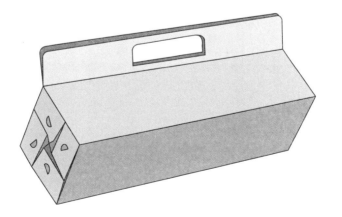

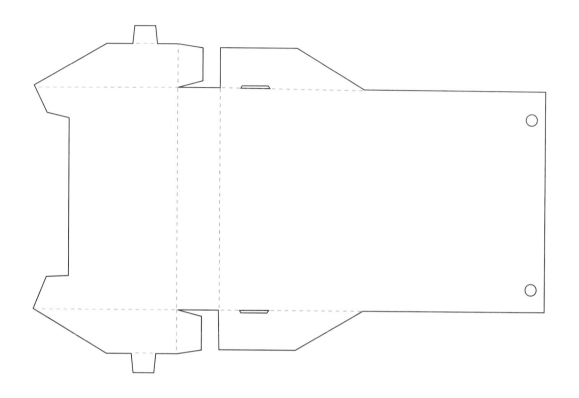

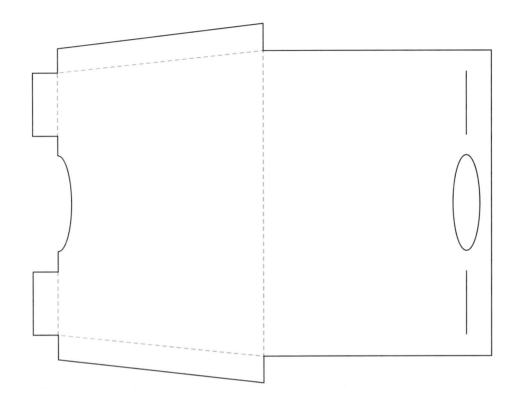

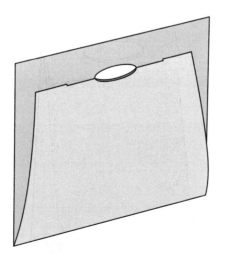

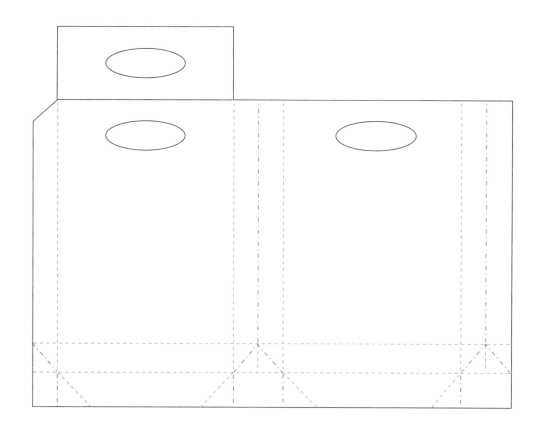

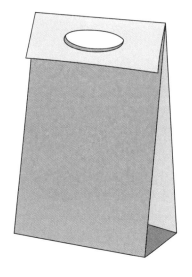

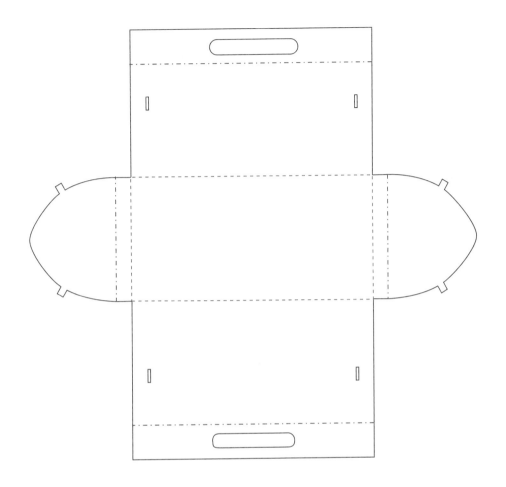

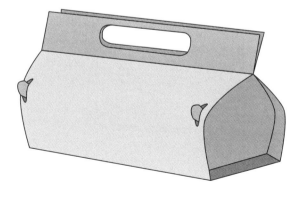

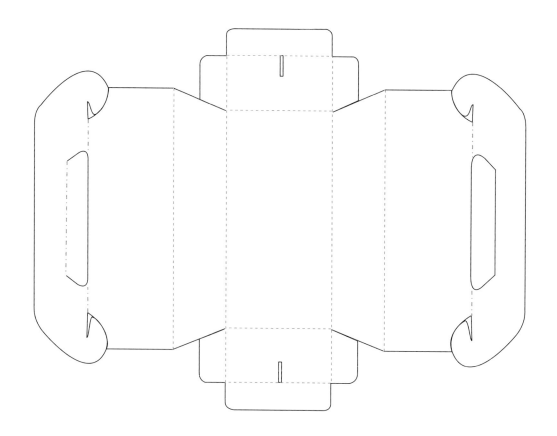

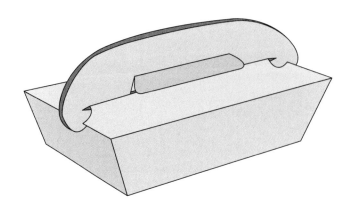

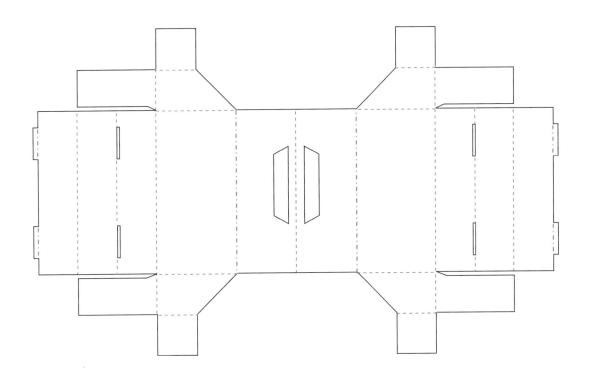

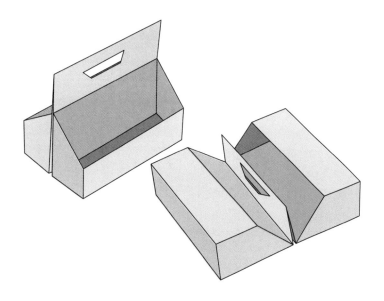

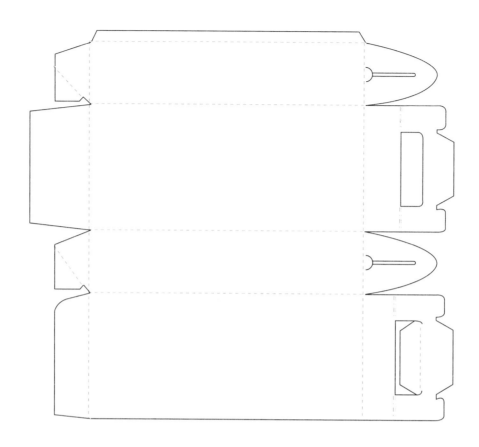

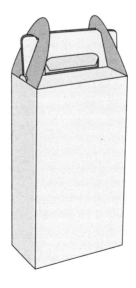

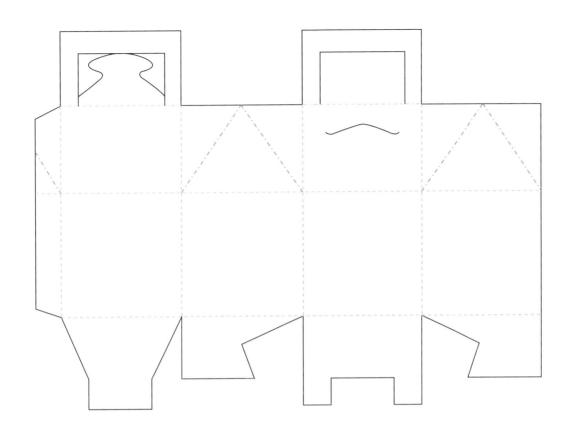

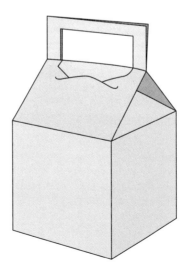

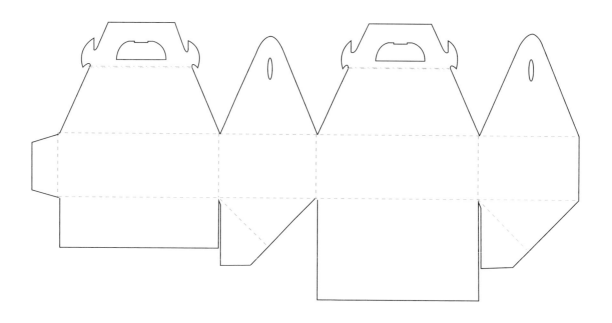

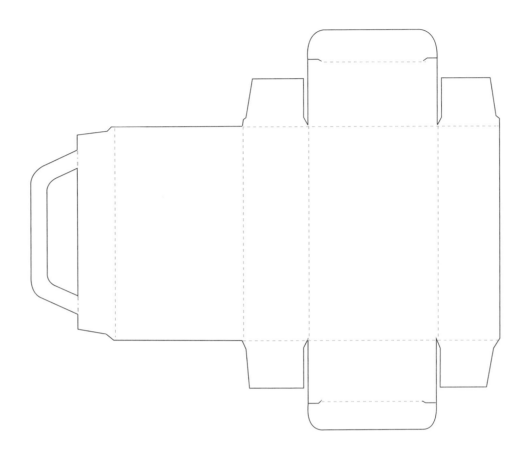

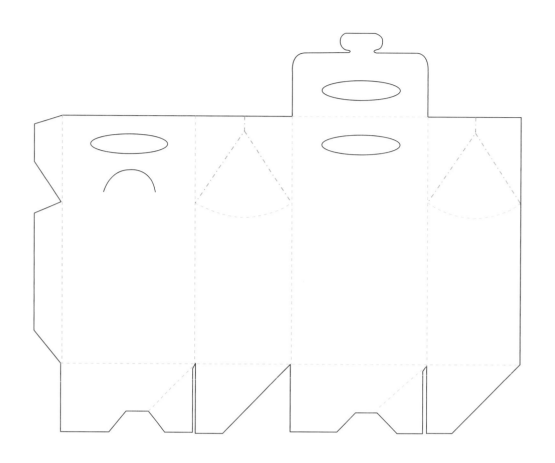

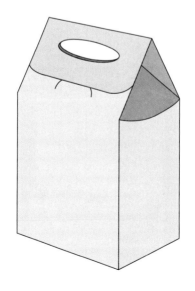

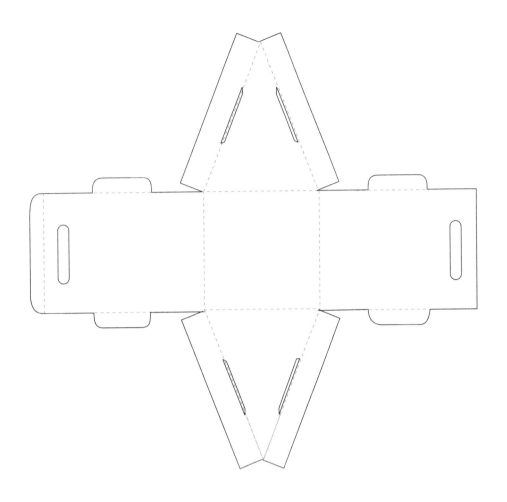

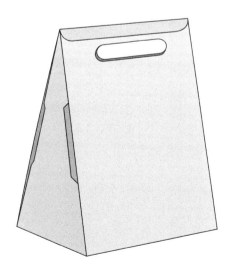

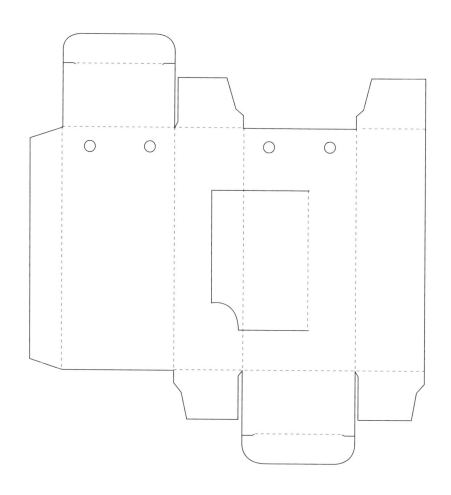

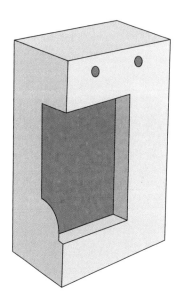

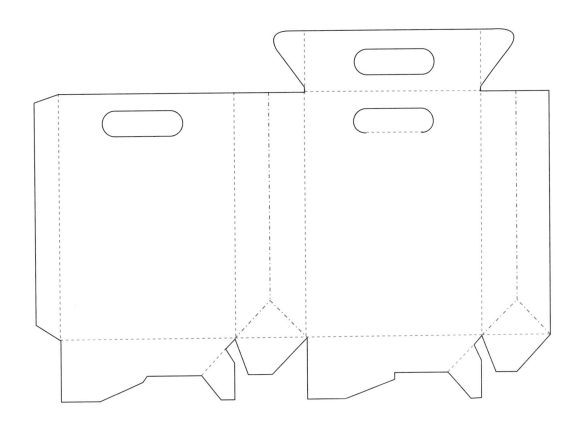

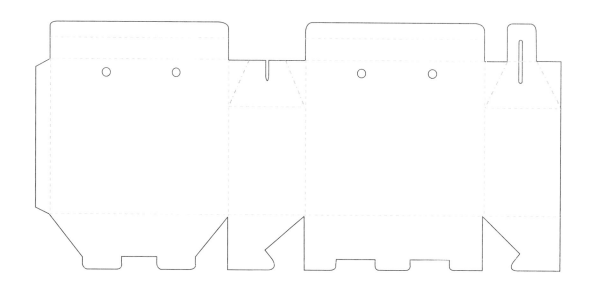

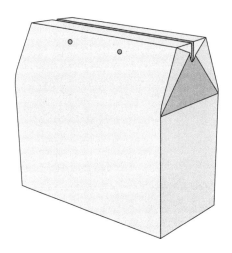

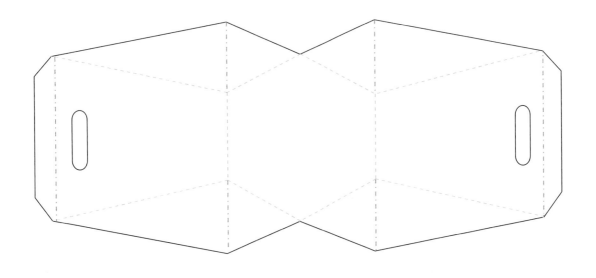

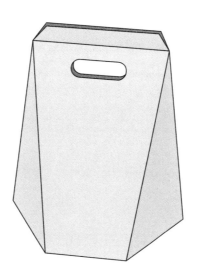

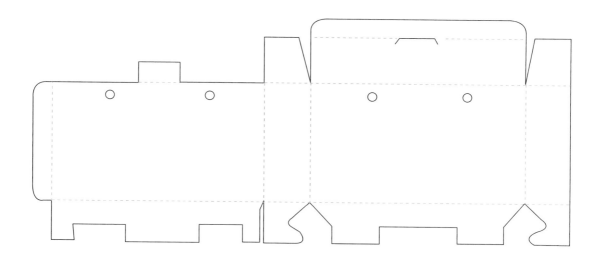

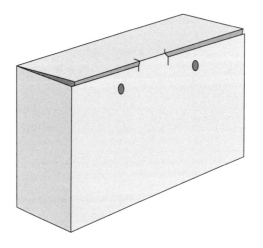

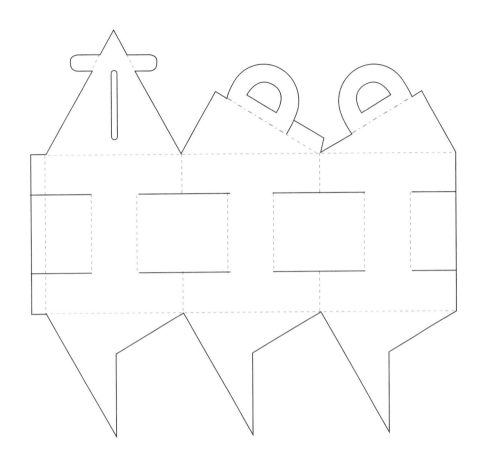

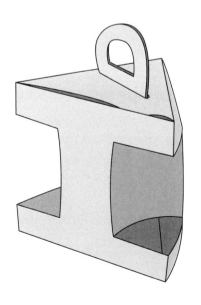

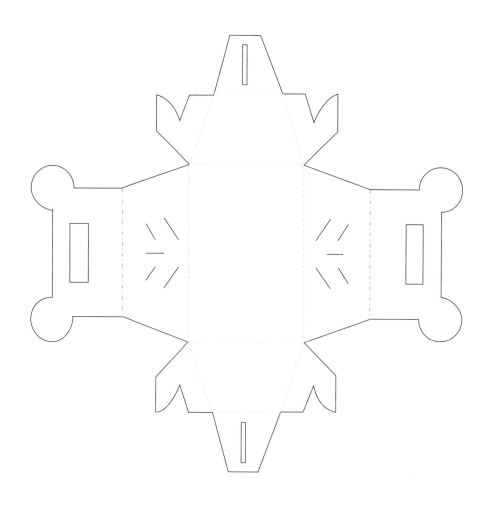

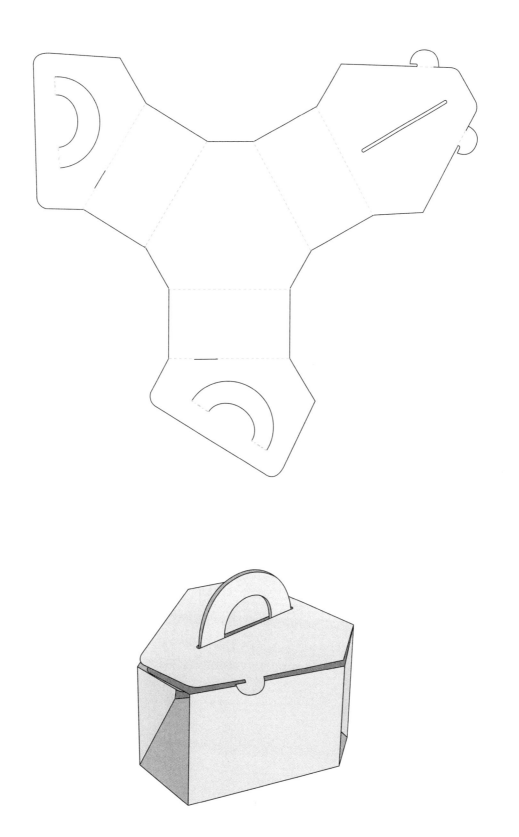

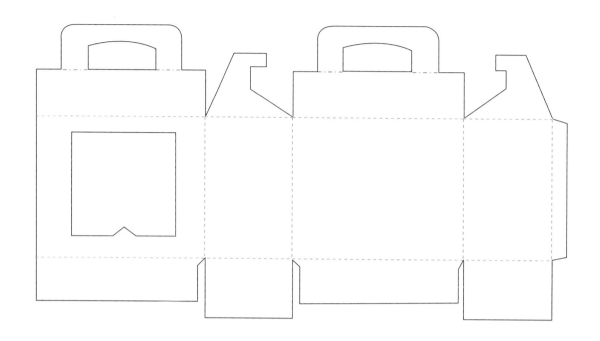

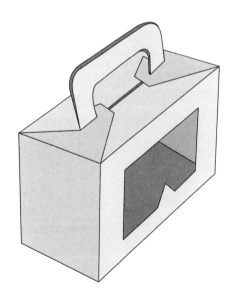

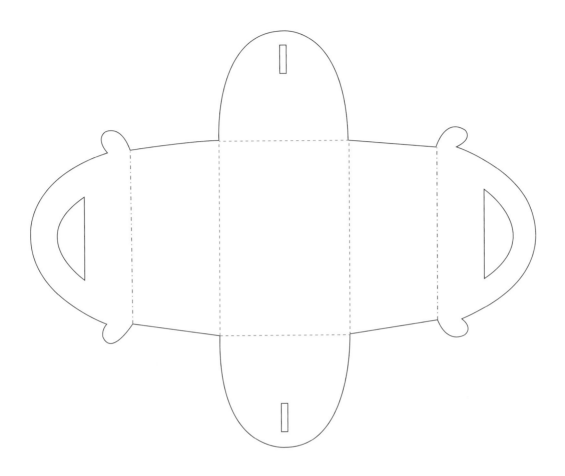

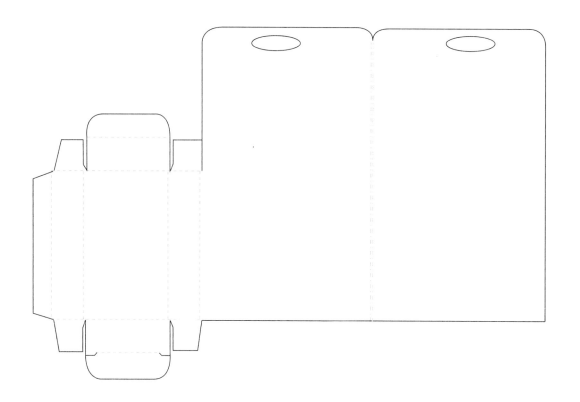

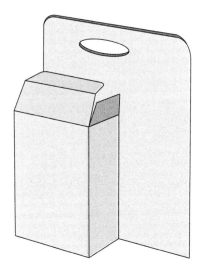

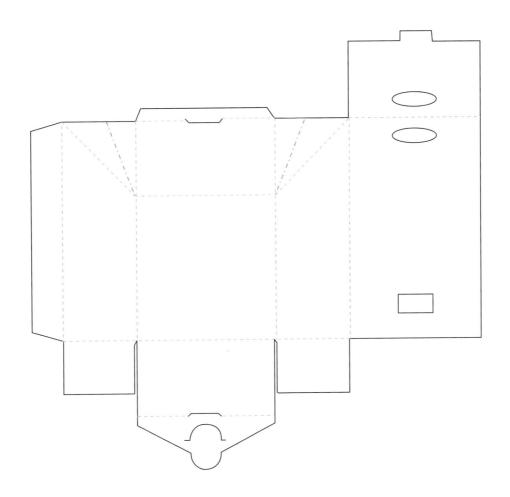

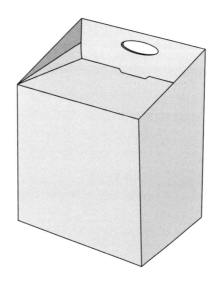

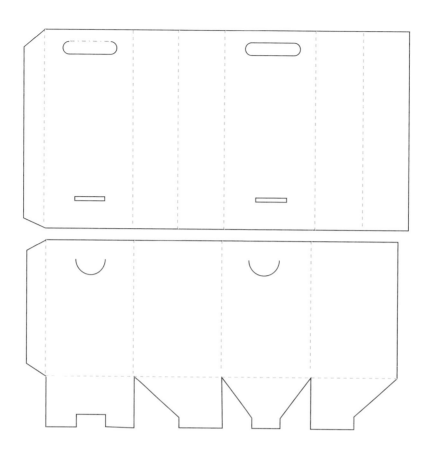

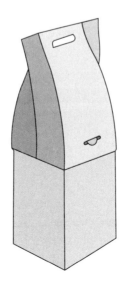

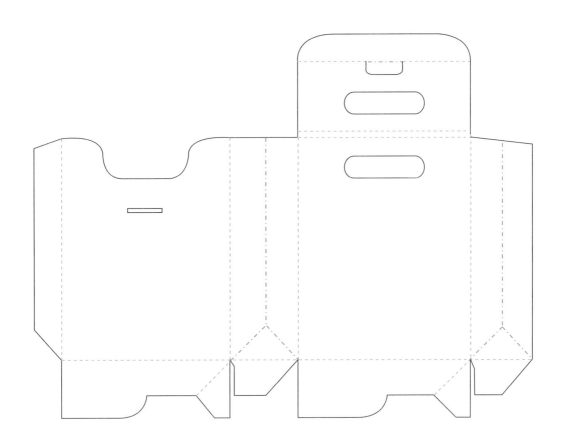

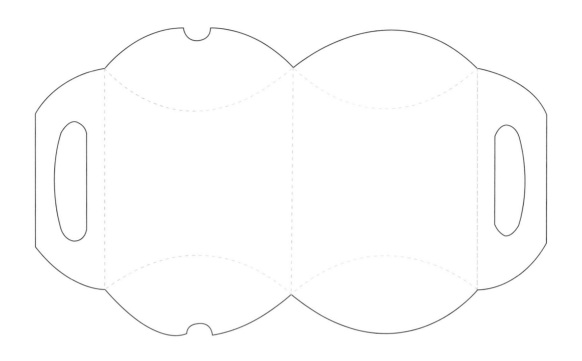

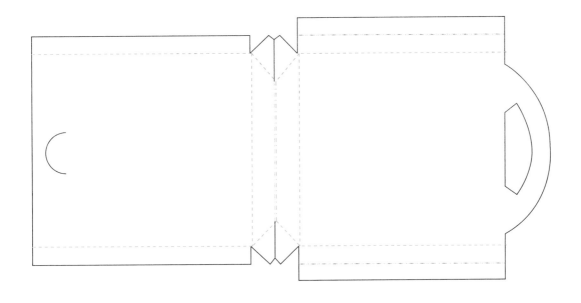

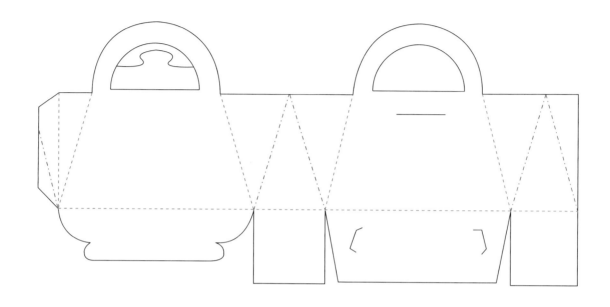

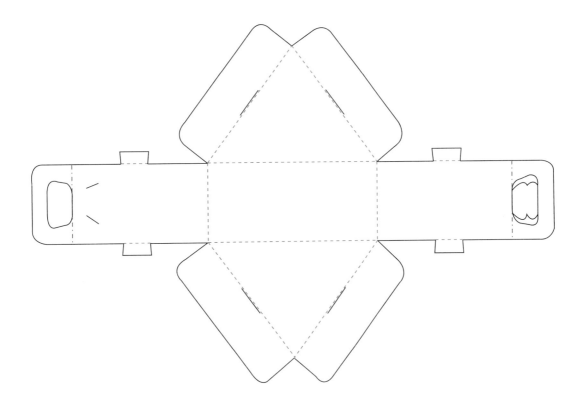

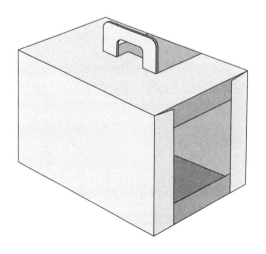

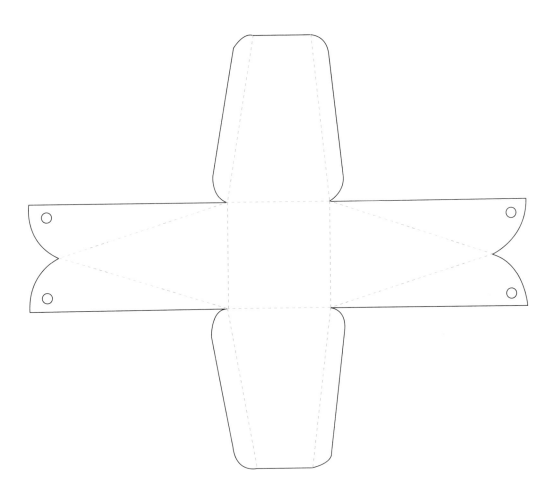

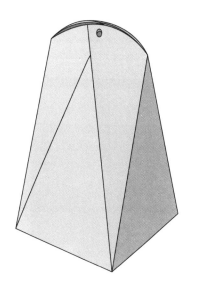

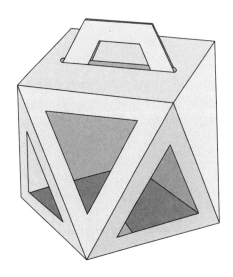

便利纸盒

免费赠送 AI 文件
扫描二维码，登入上
海人民美术出版社官
网，在课件中下载便
利纸盒 AI 文件。

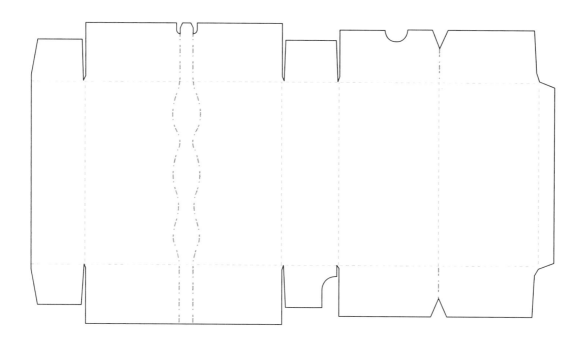

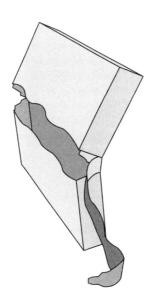

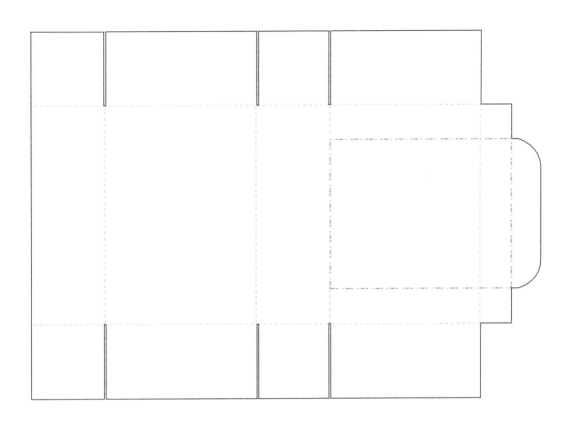

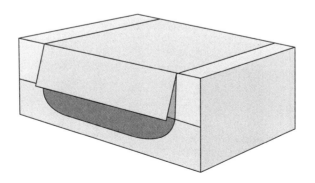

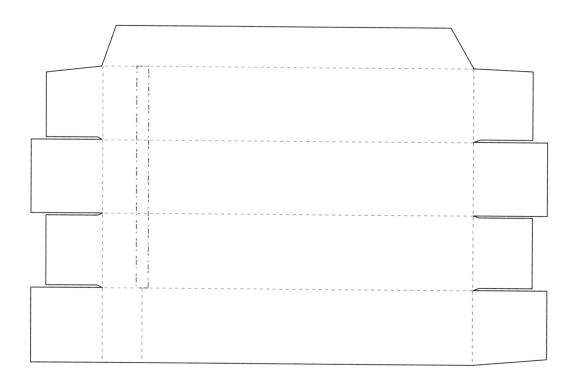

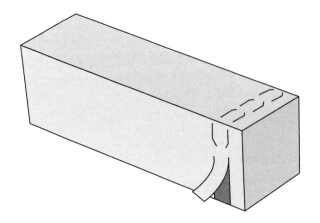

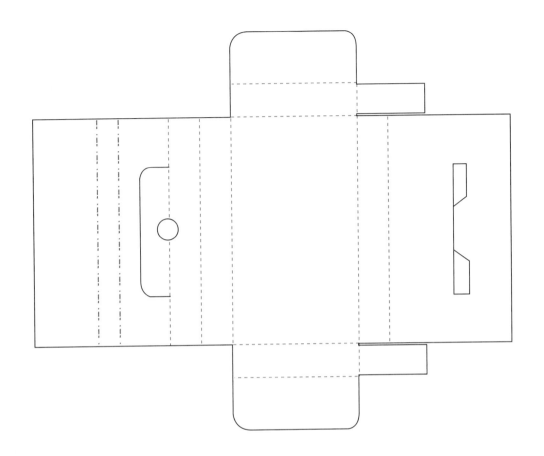

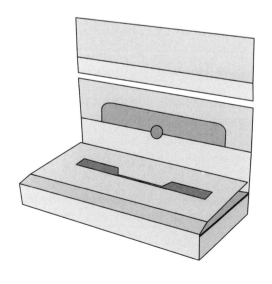

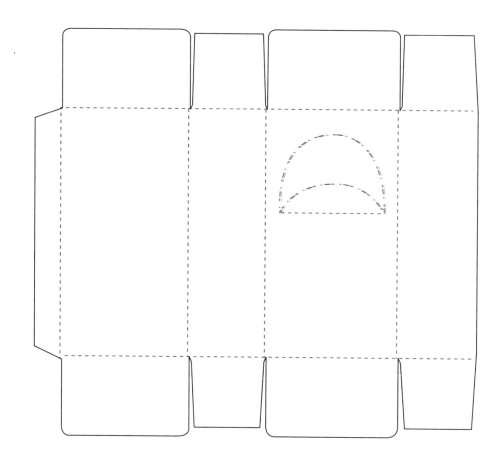

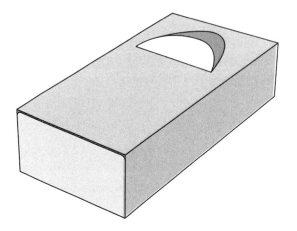

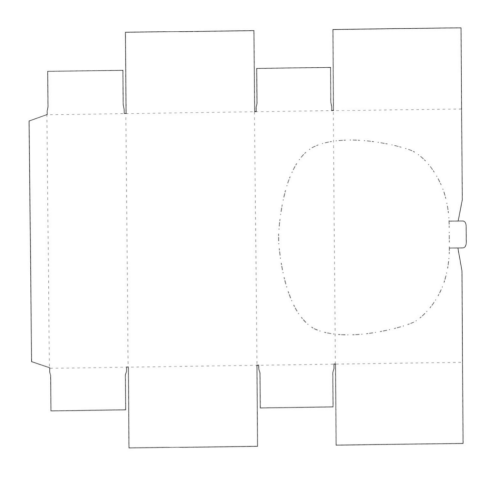

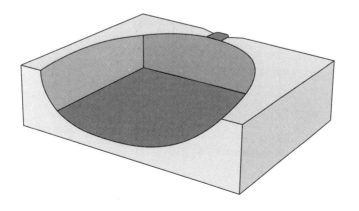

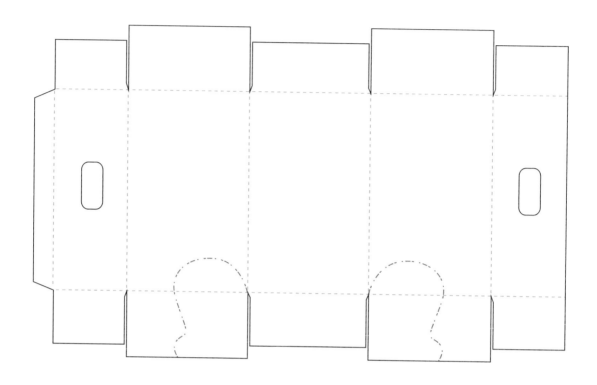

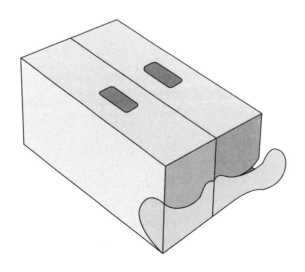

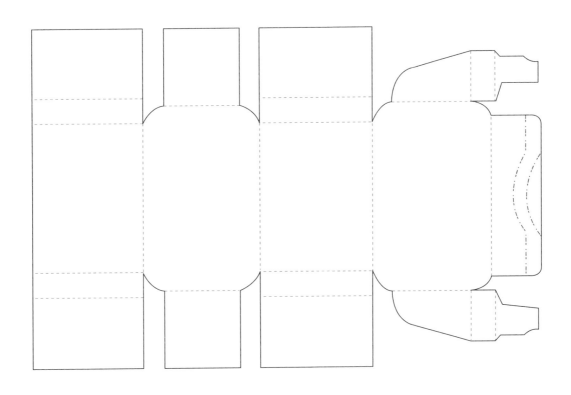

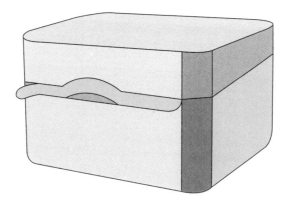

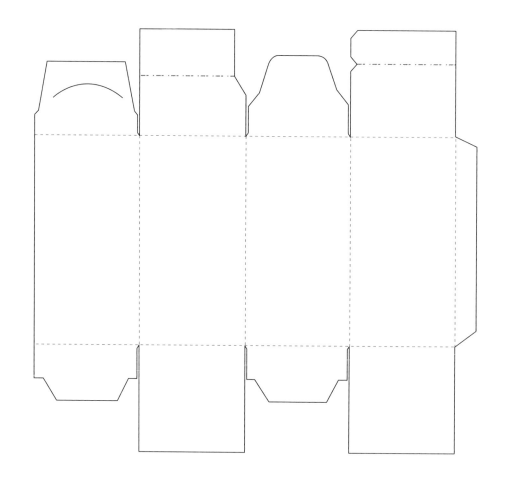

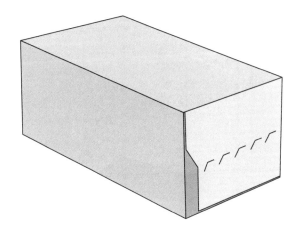

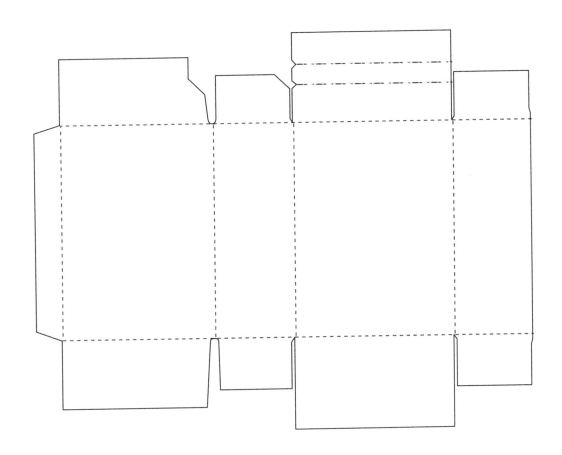

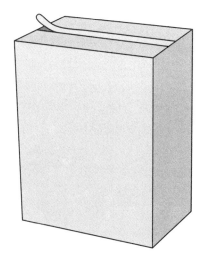

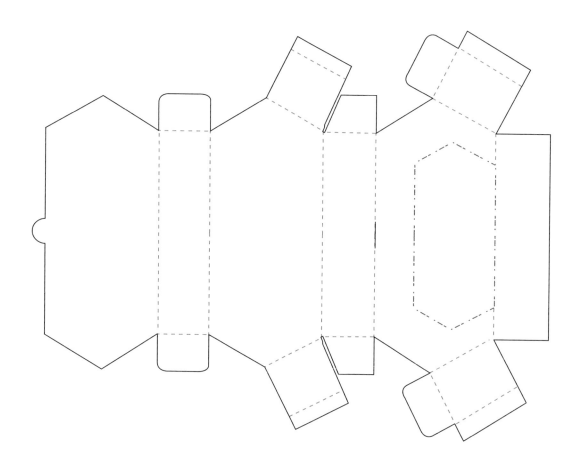

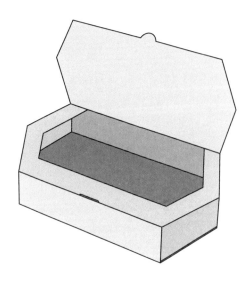

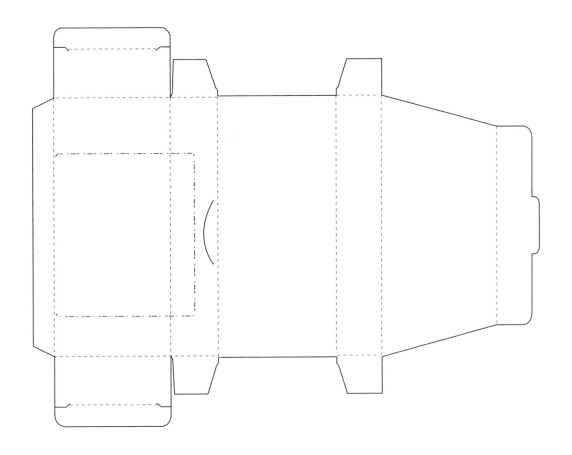

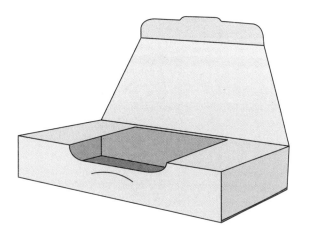

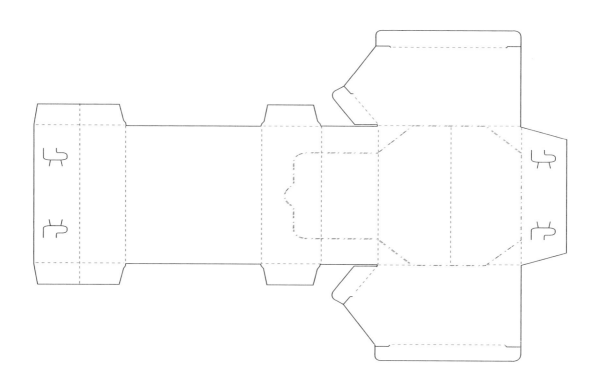

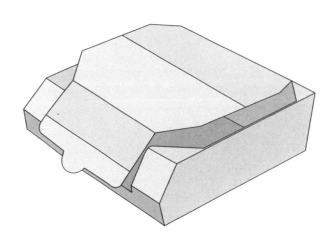

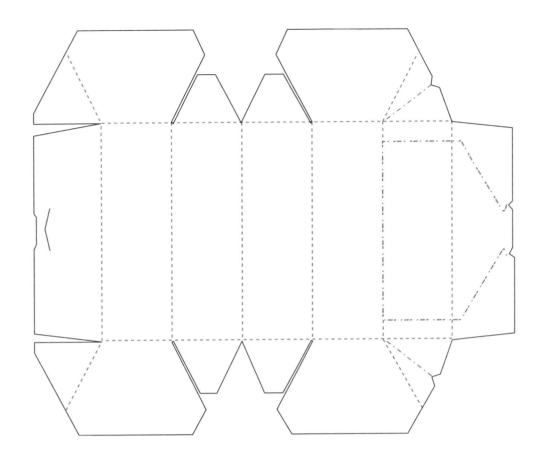

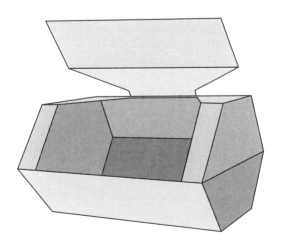

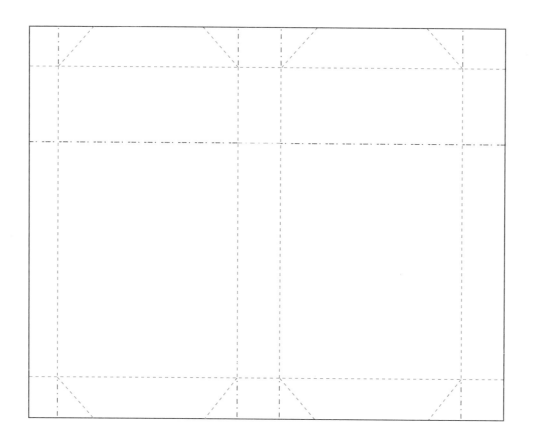

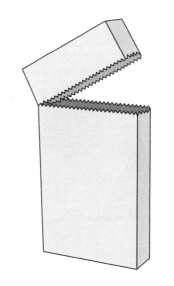

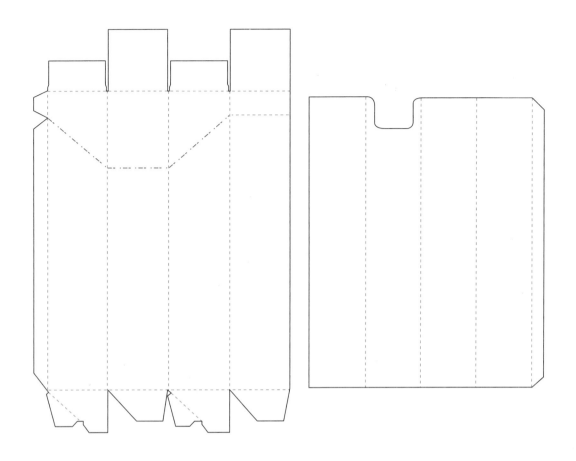

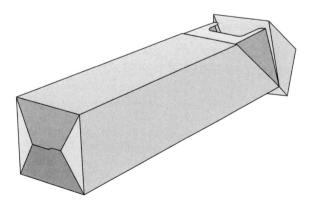

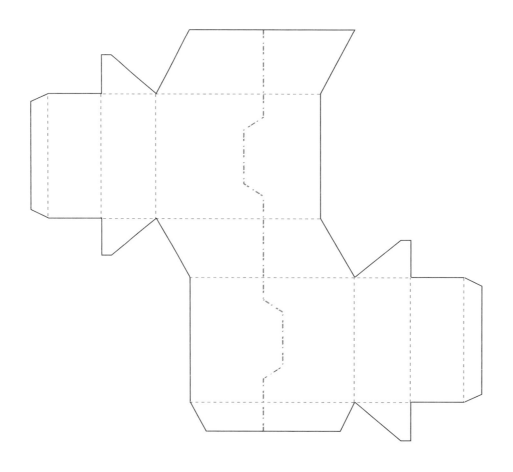

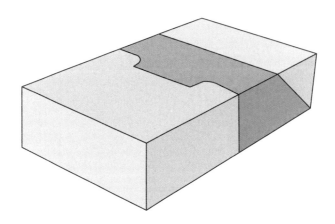

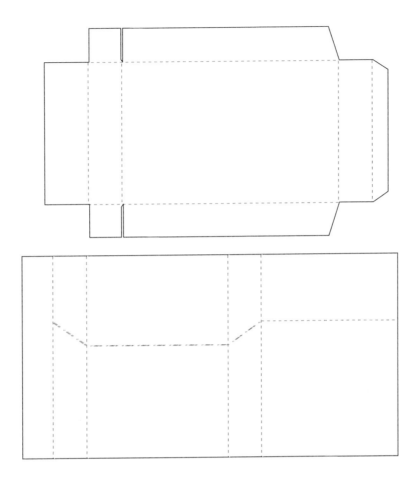

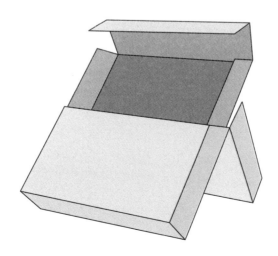

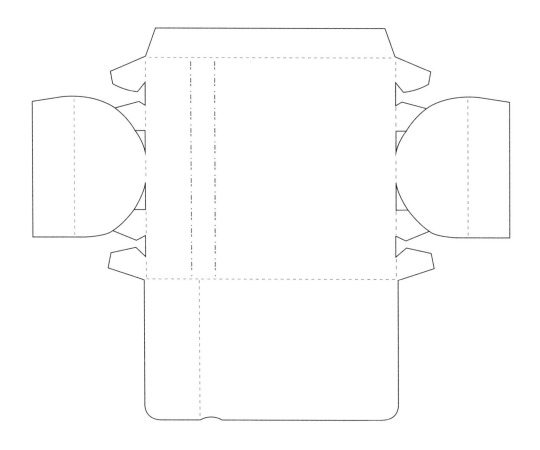

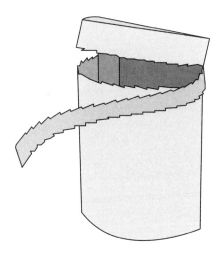

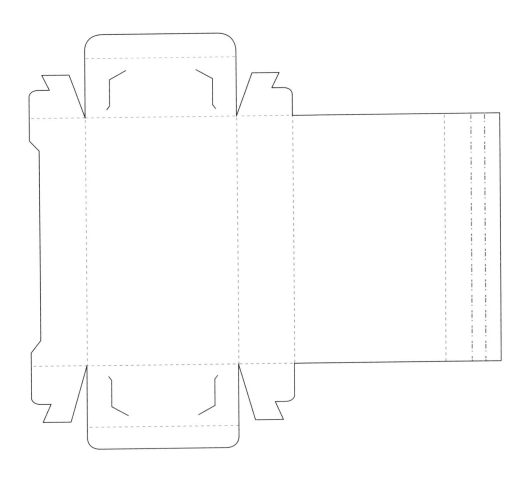

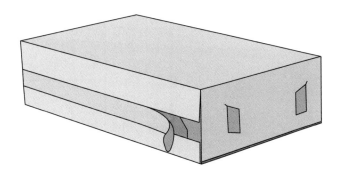

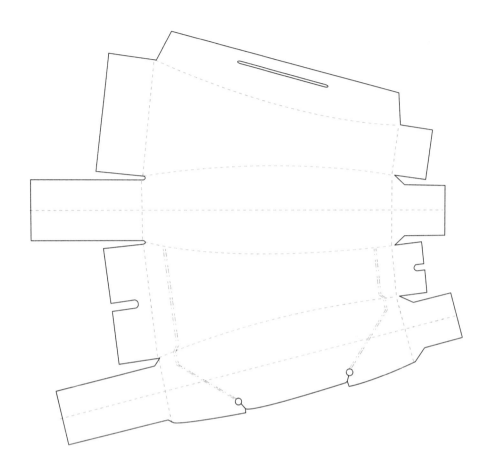

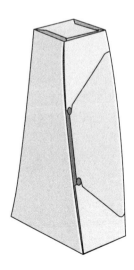

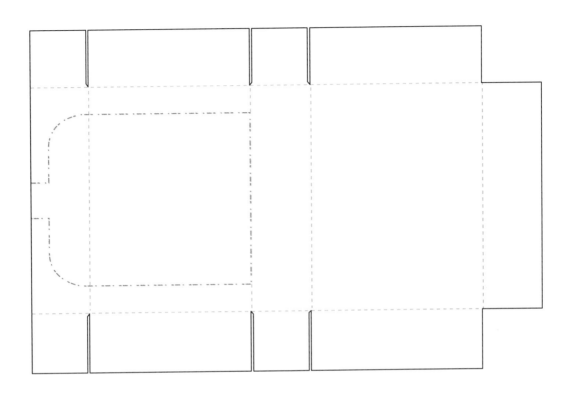

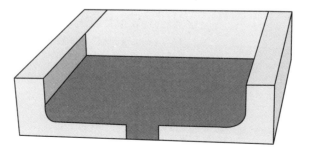

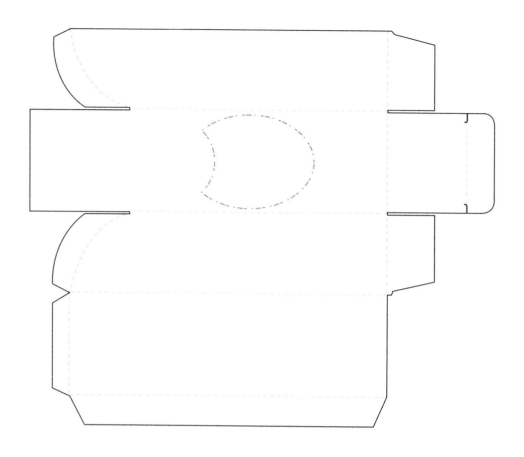

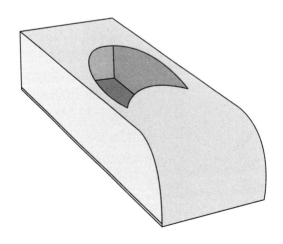

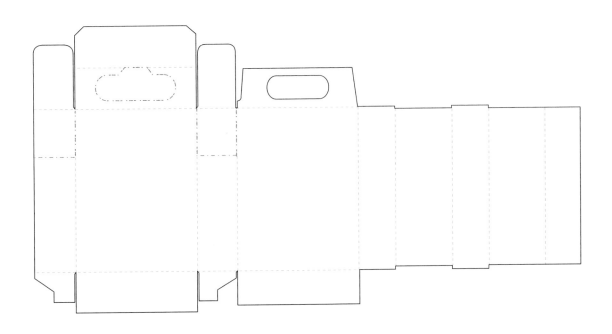

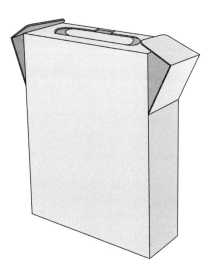

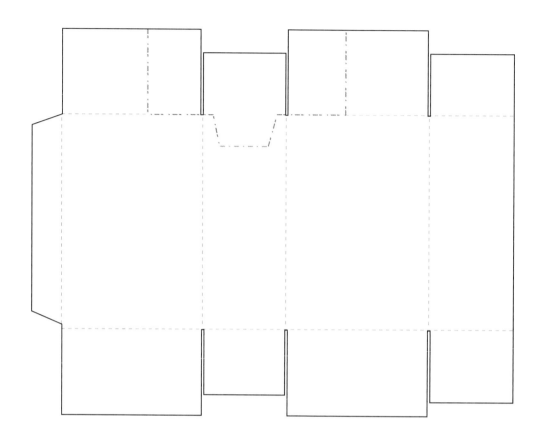

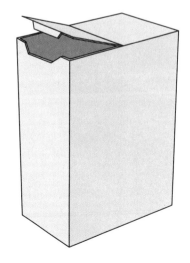

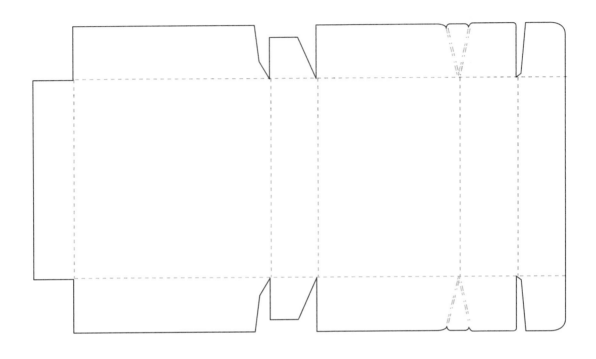

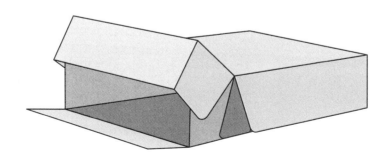

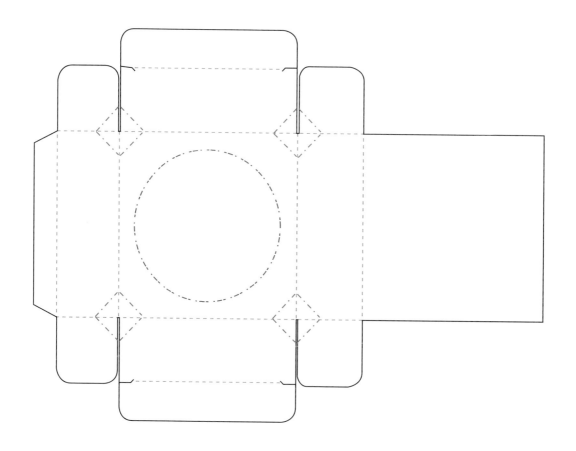

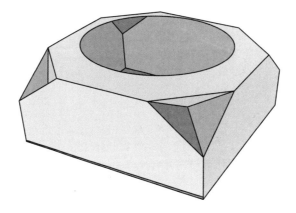

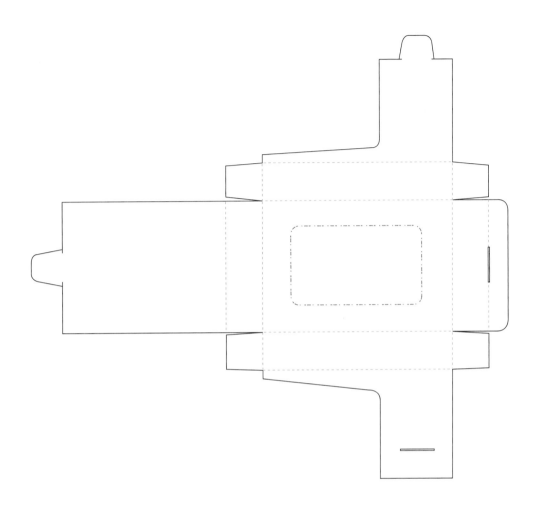

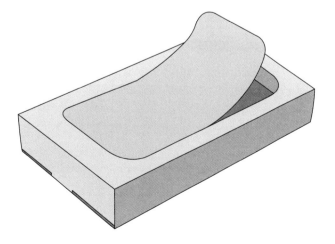

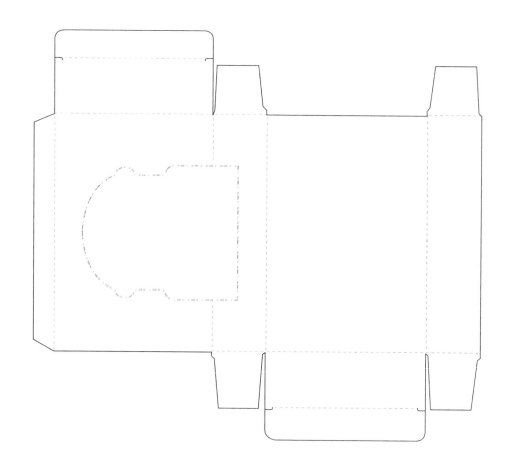

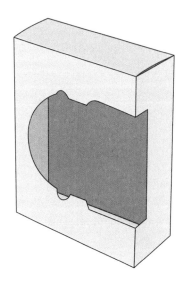

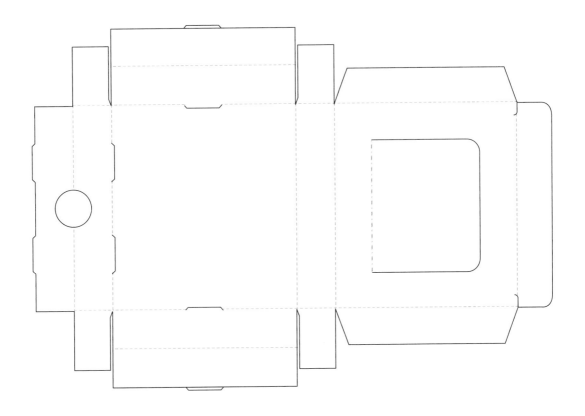

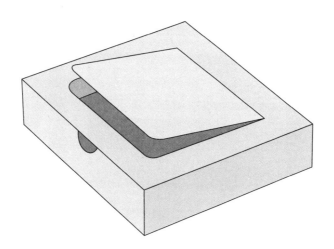

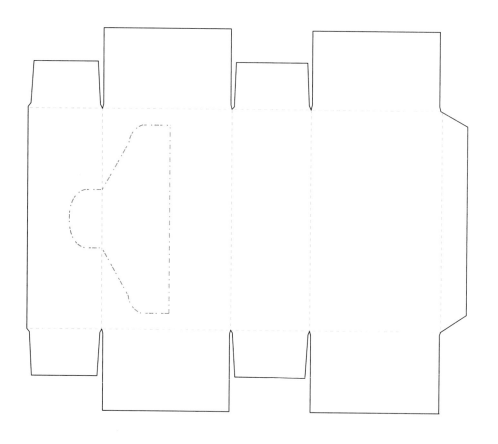

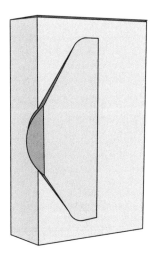

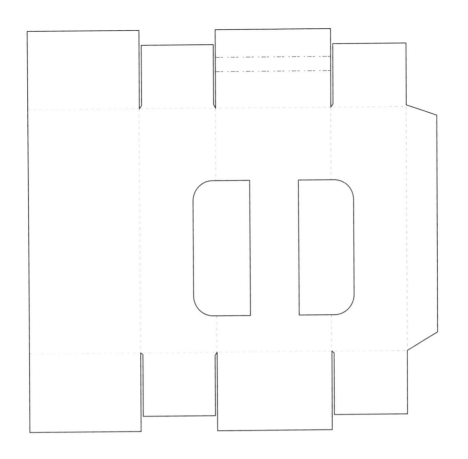

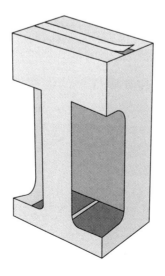

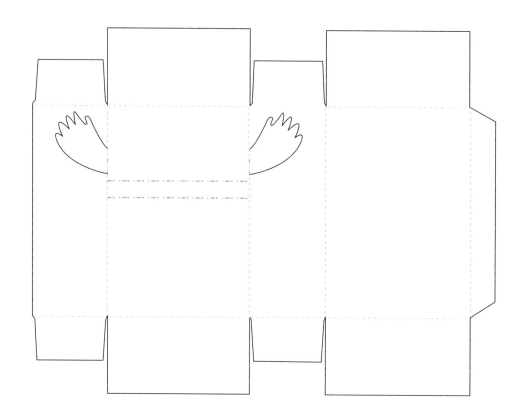

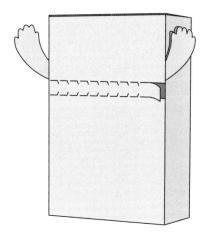

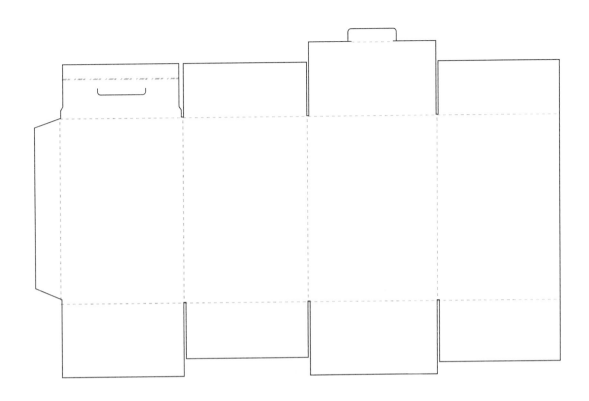

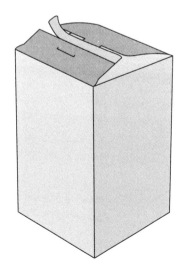

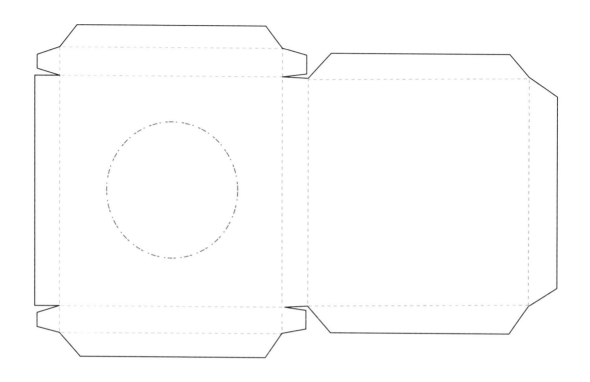

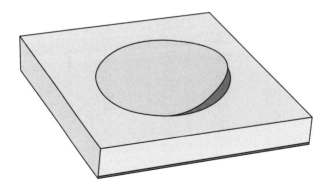

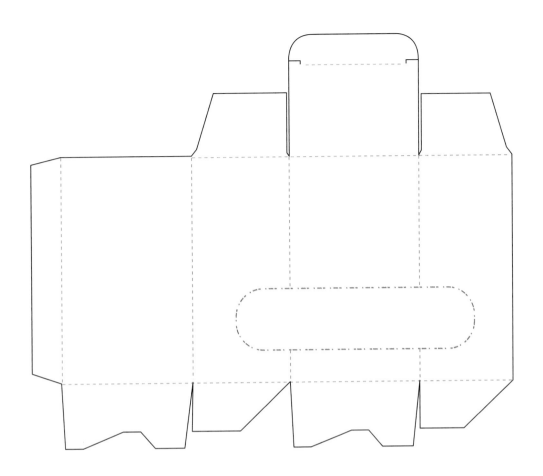

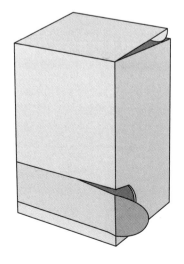

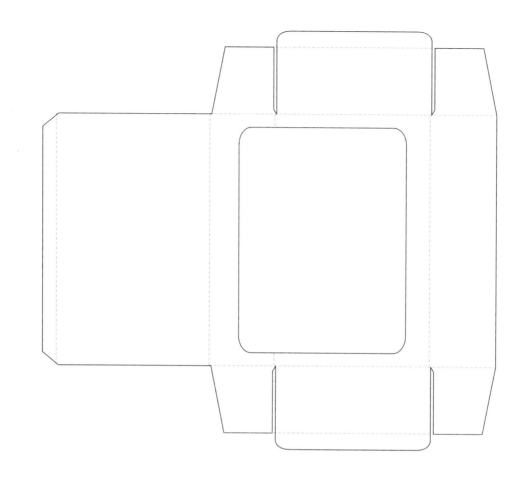

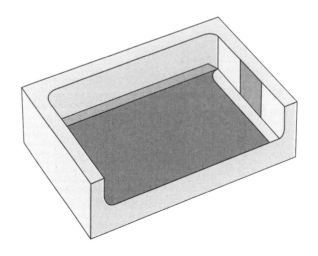

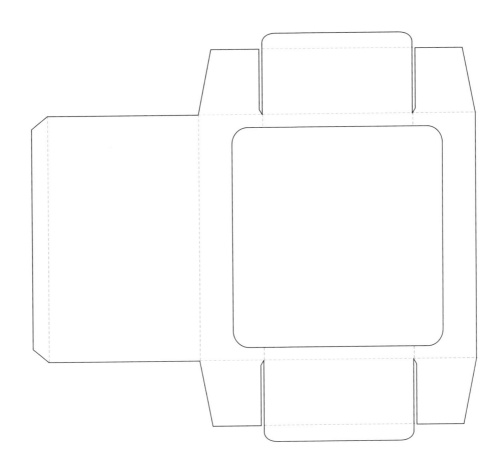

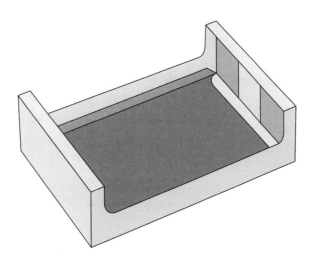

展开式纸盒

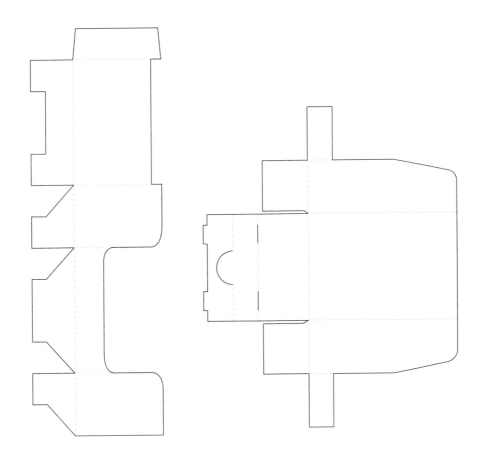

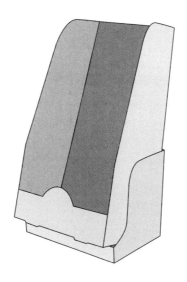

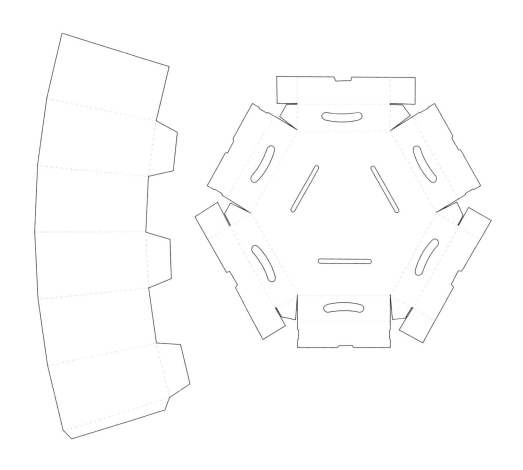

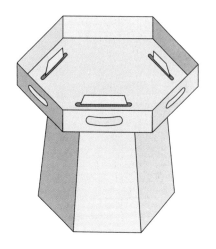

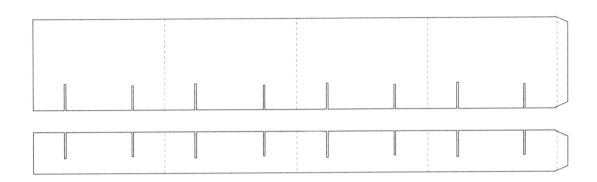

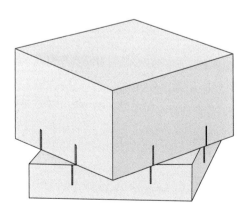

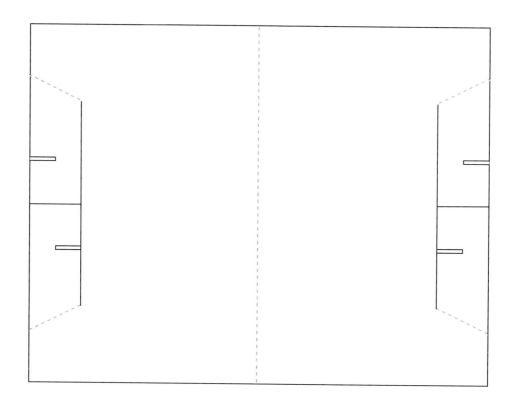

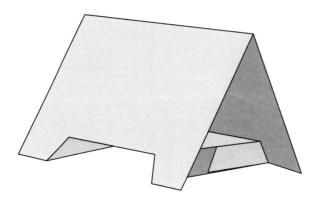

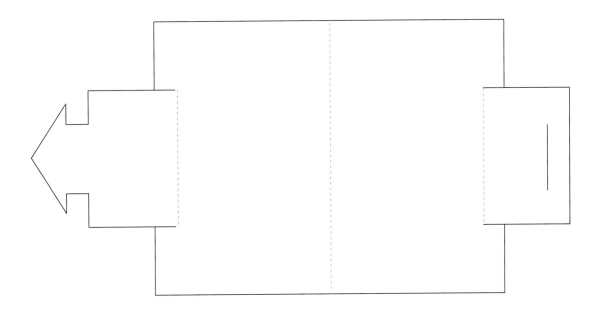

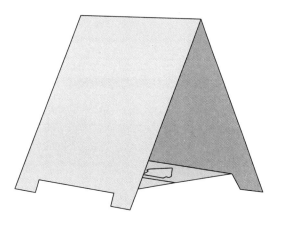

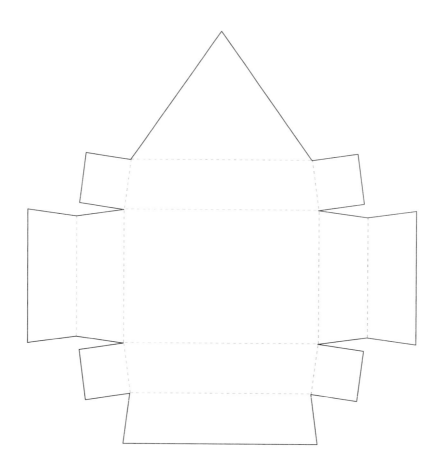

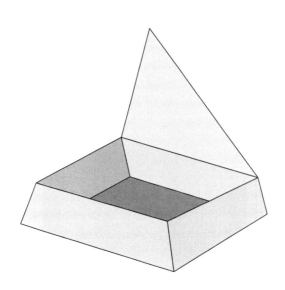

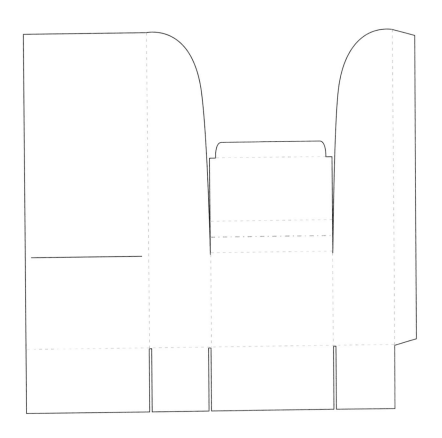

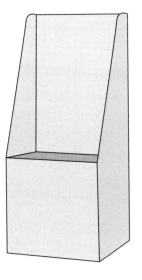

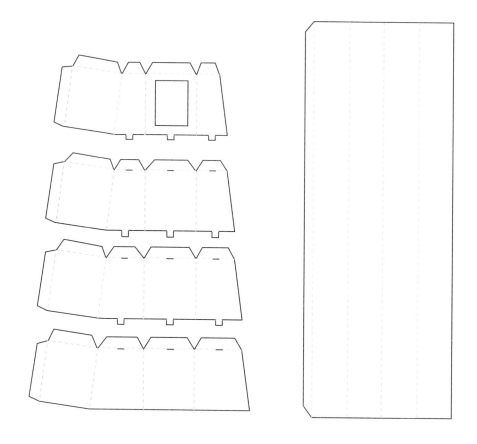

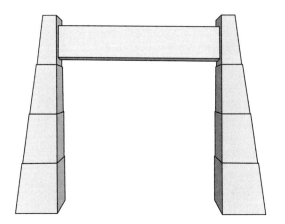

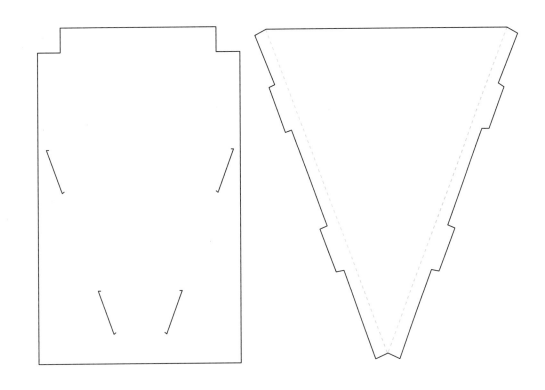

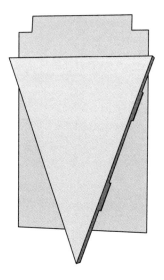

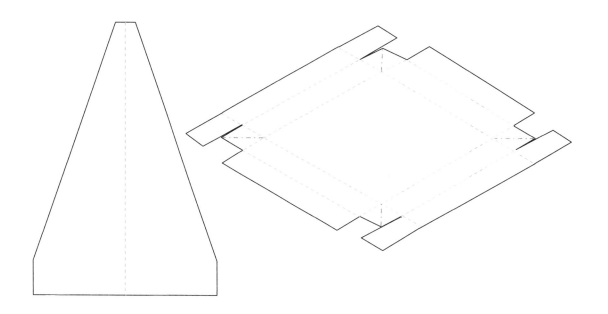

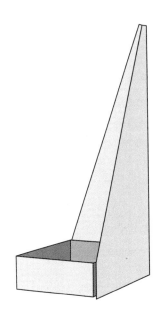

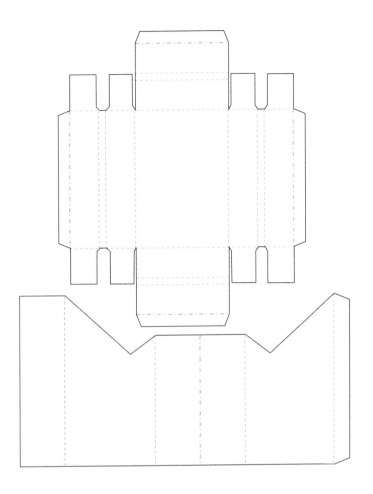

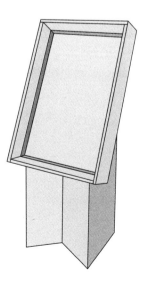

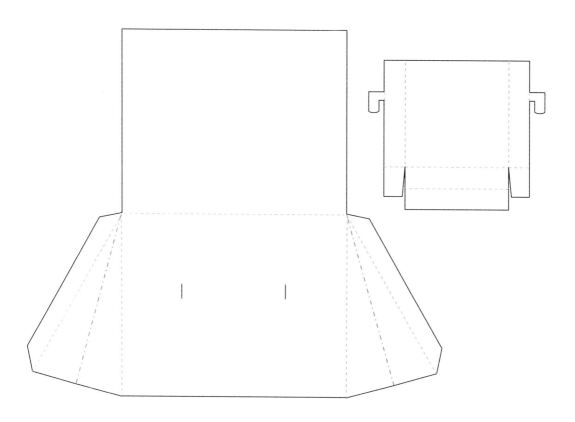

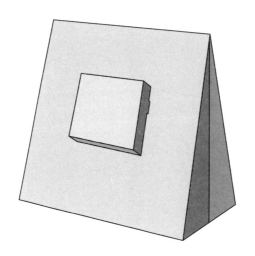

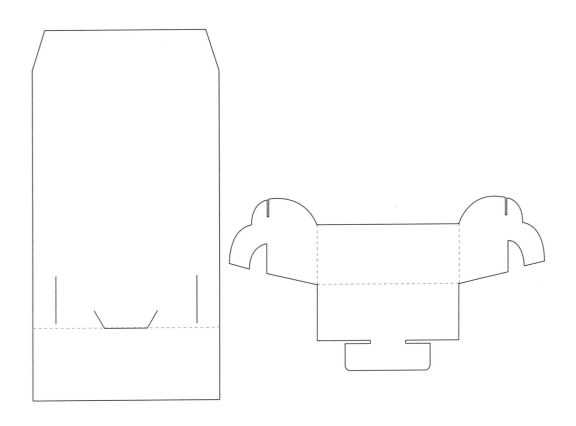

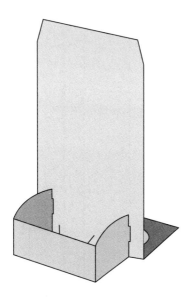

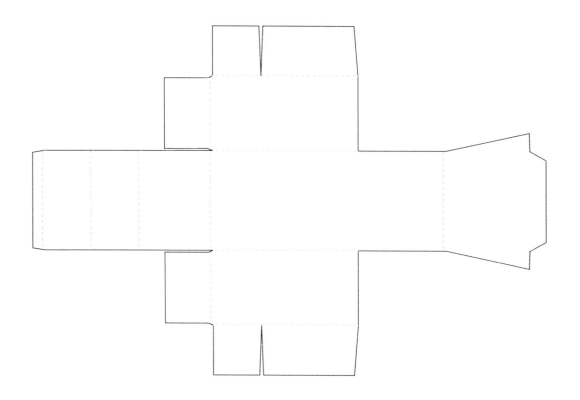

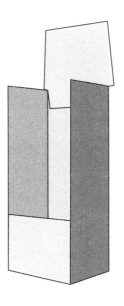

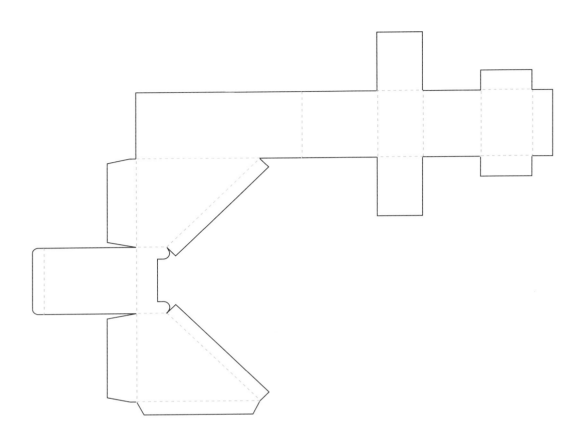

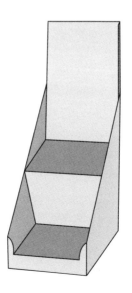

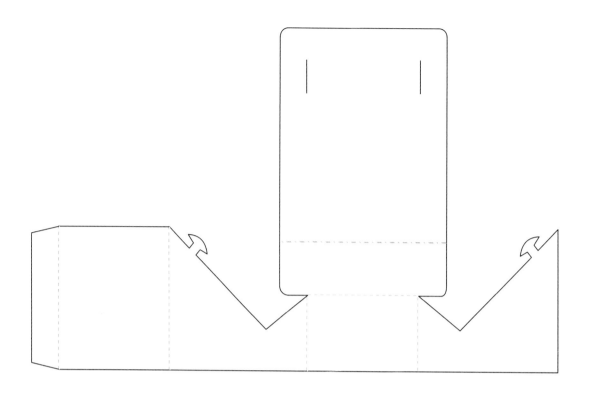

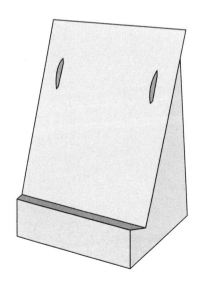

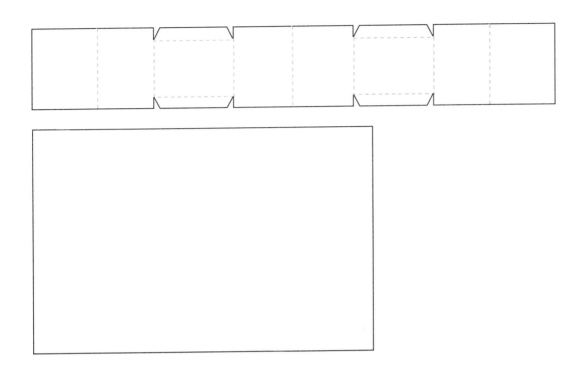

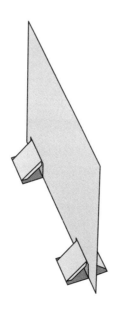

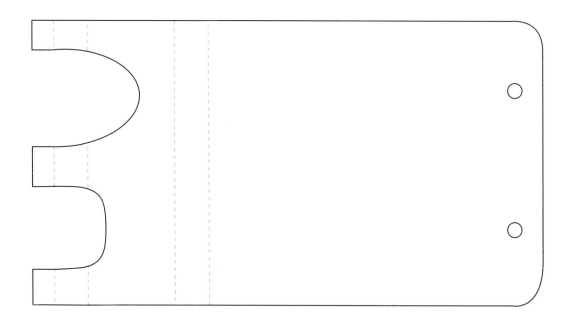

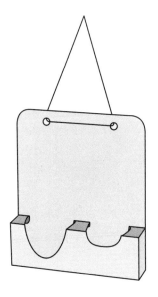

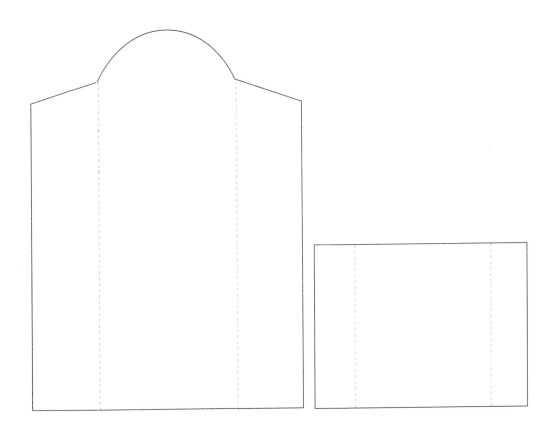

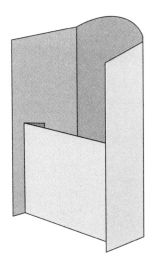

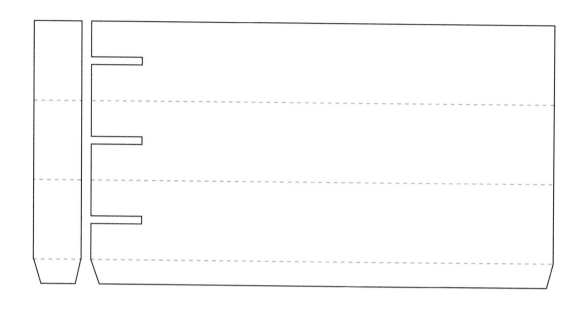

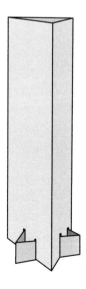

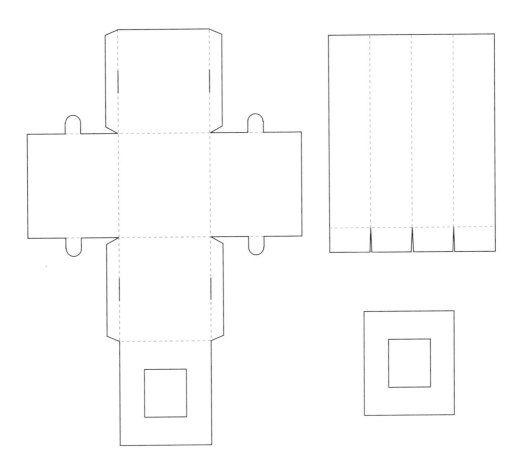

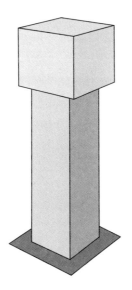

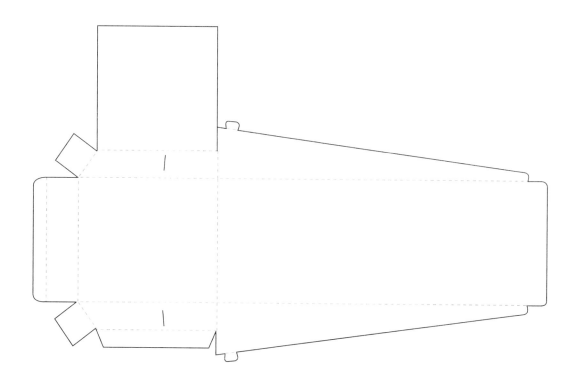

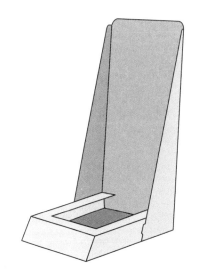

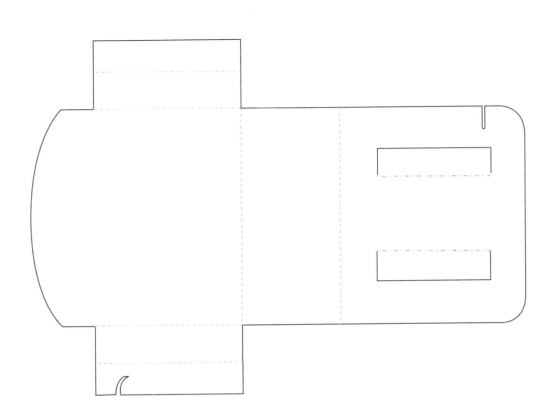

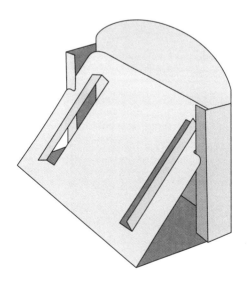

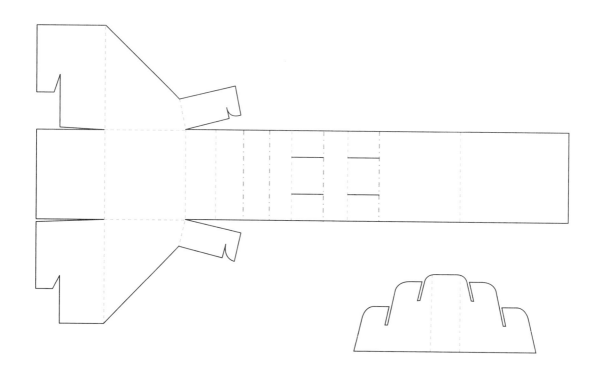

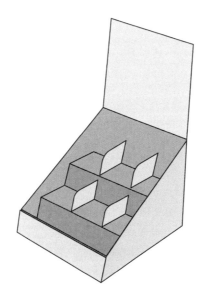

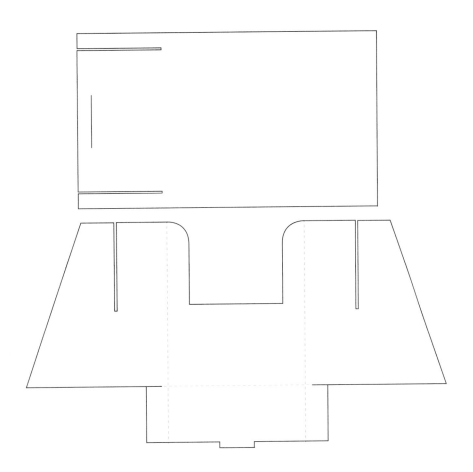

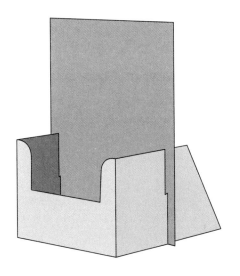

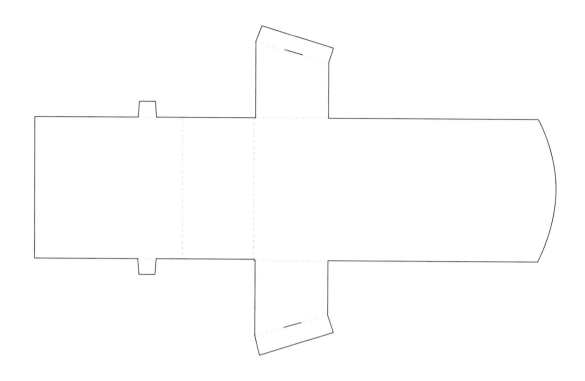

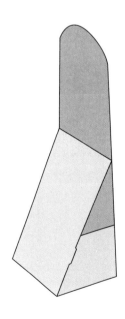

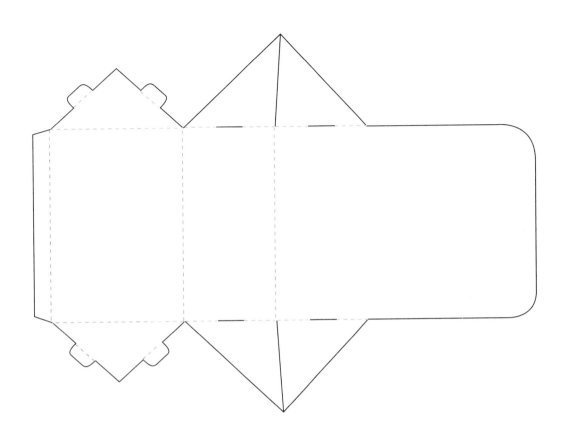

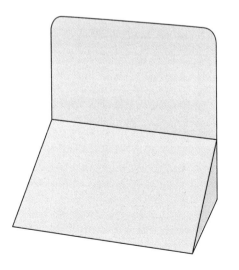

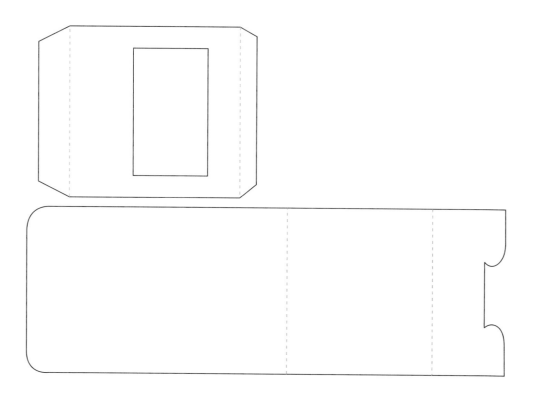

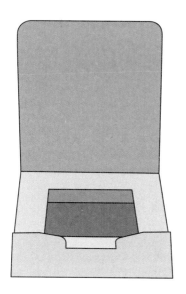

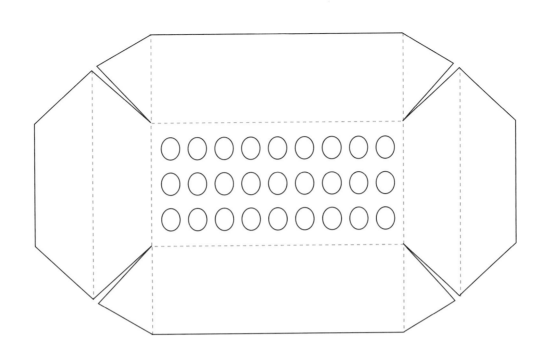

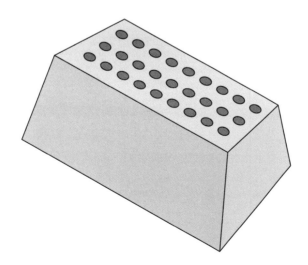

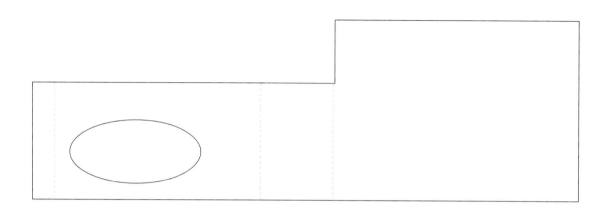

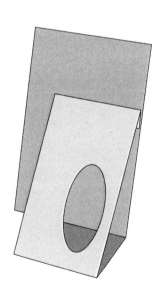

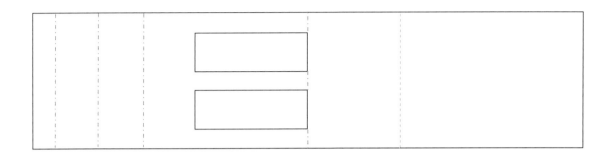

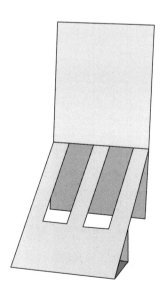

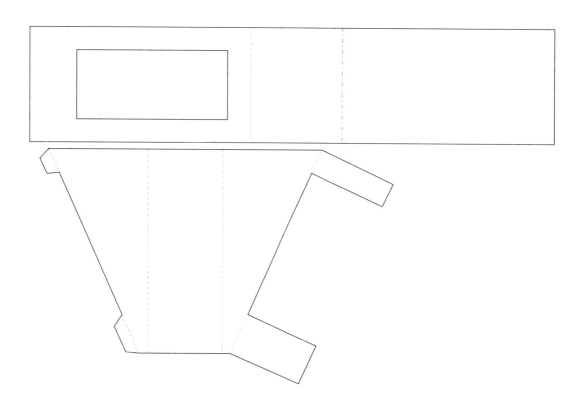

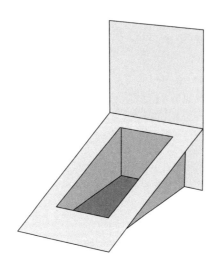

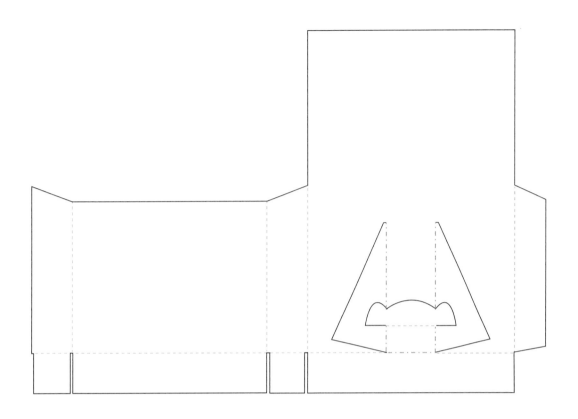

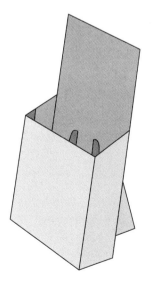

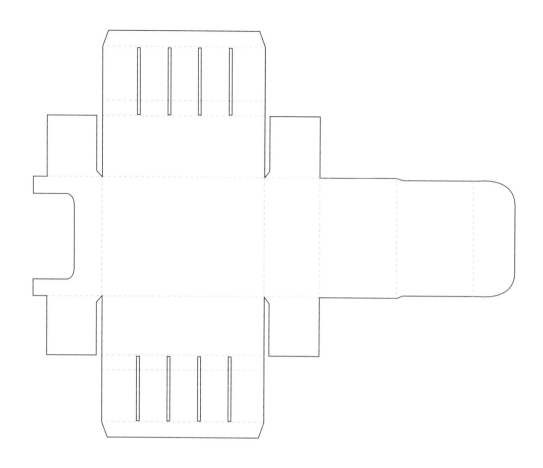

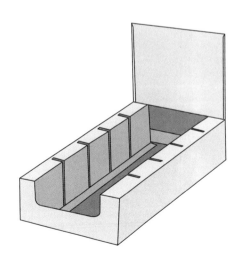

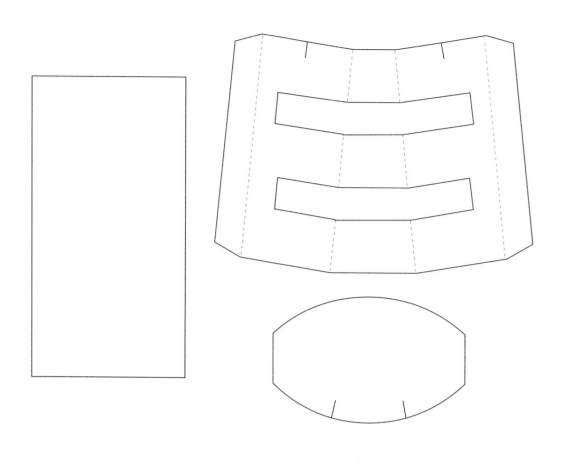

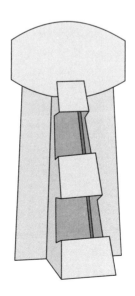

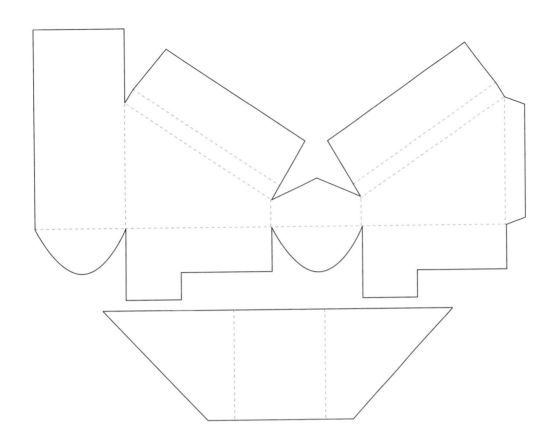

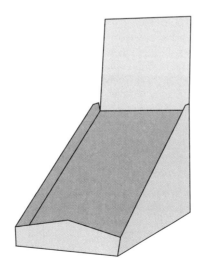

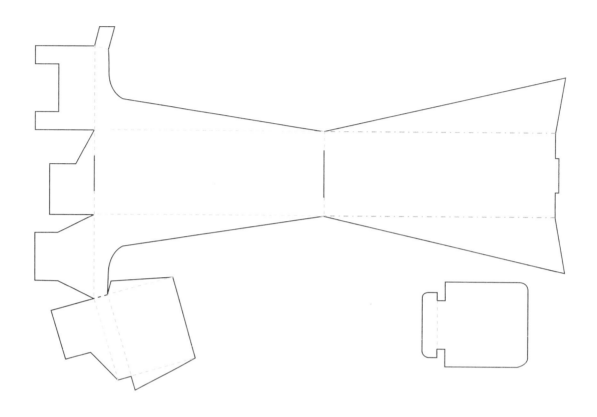

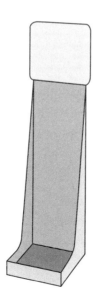

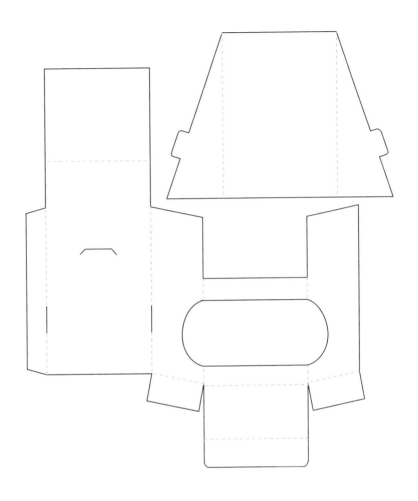

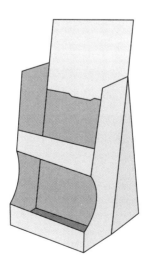

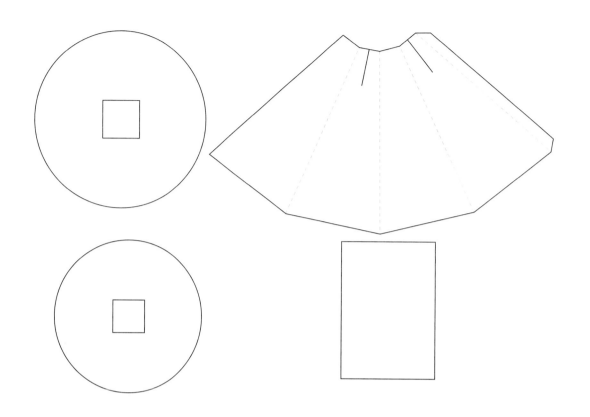

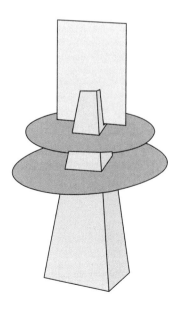

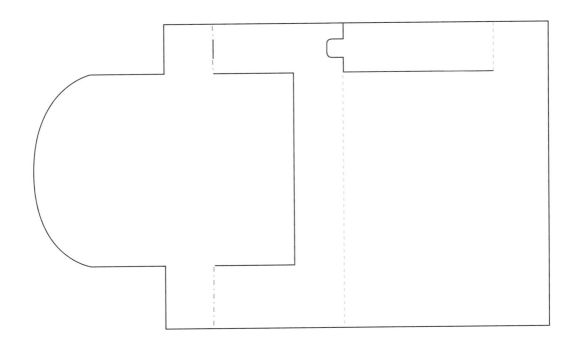

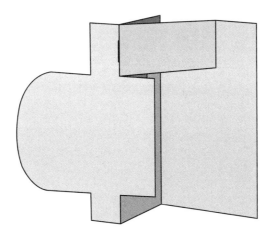

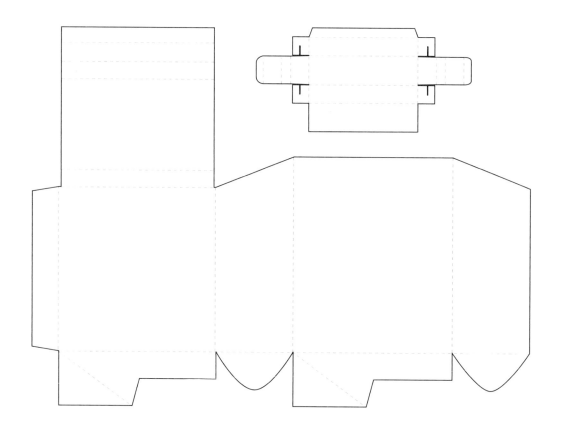

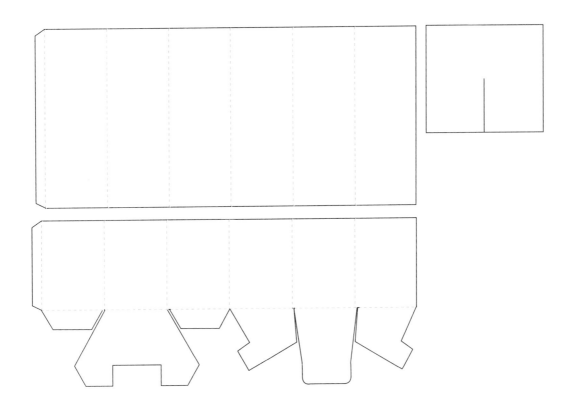

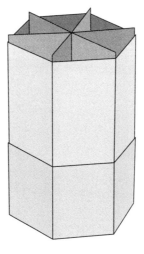

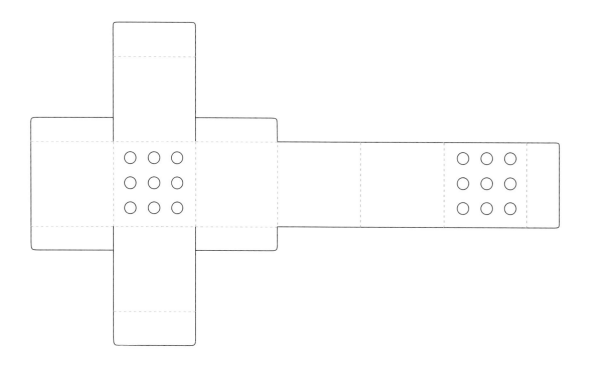

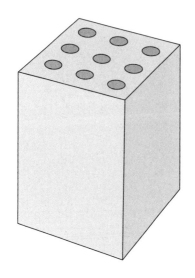

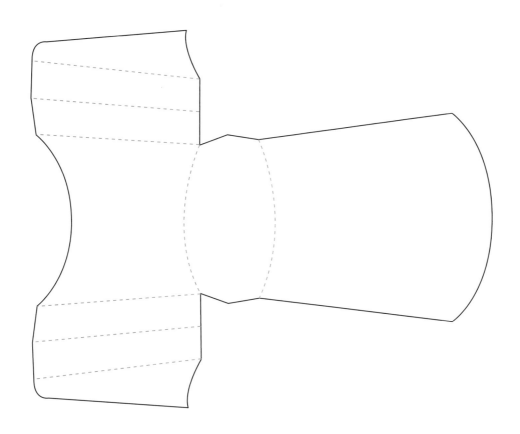

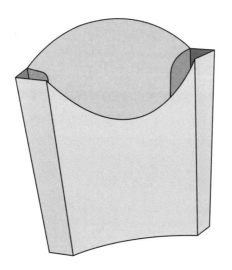

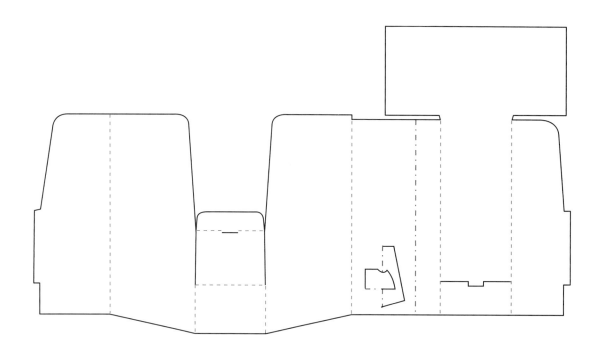

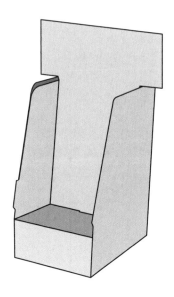

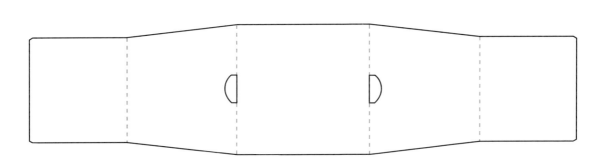

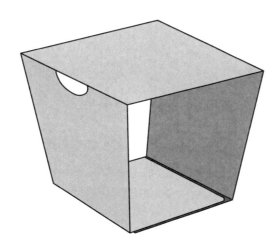

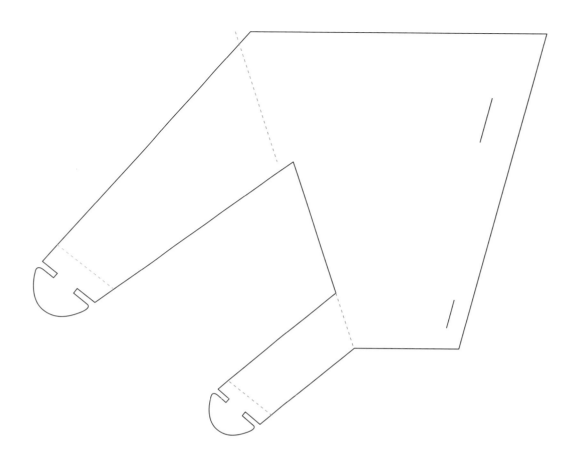

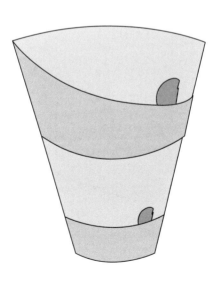

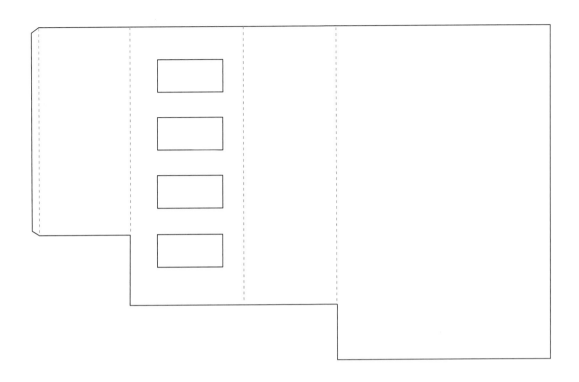

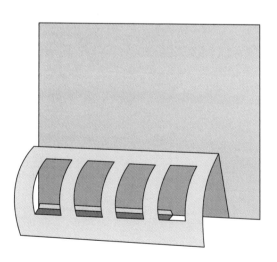

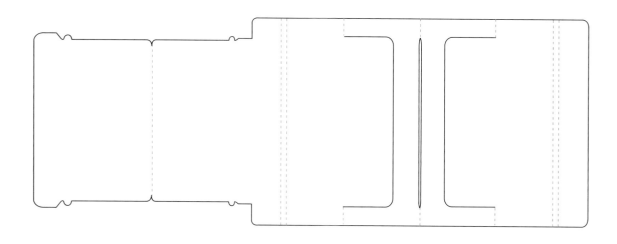

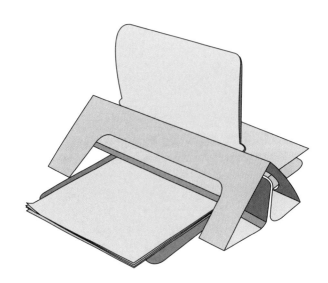

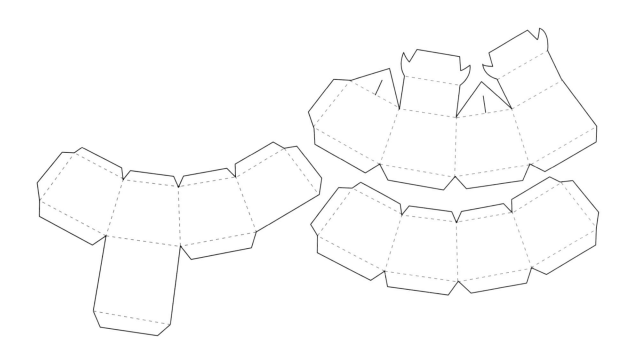

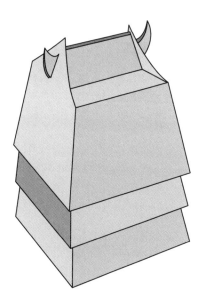

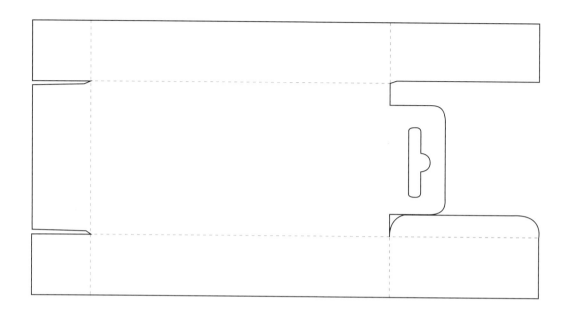

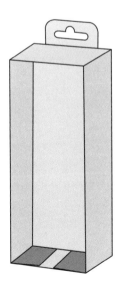

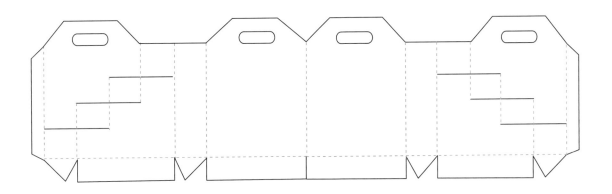

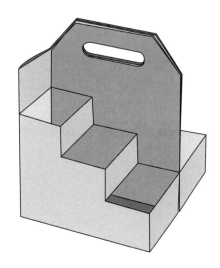

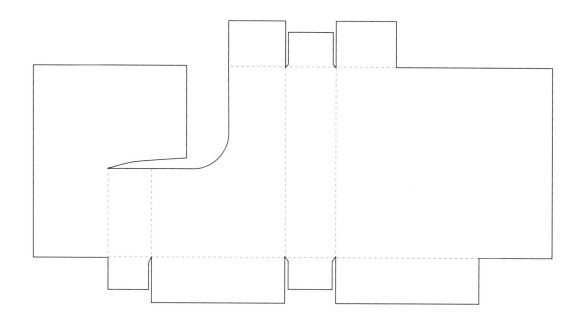

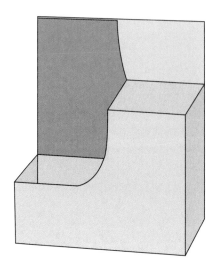

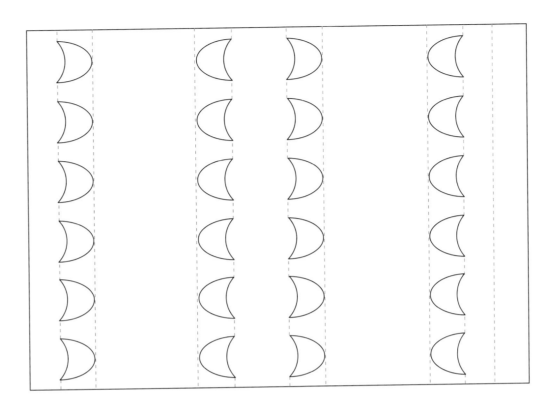

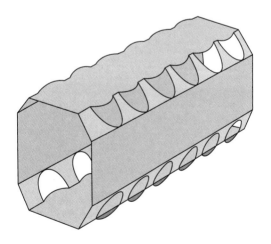

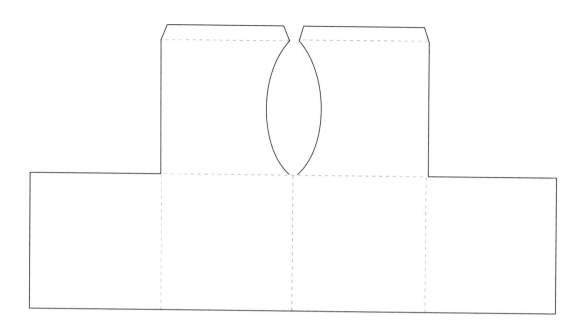

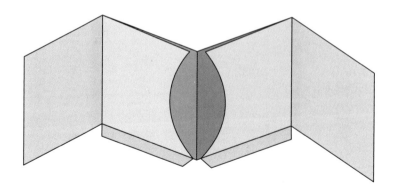

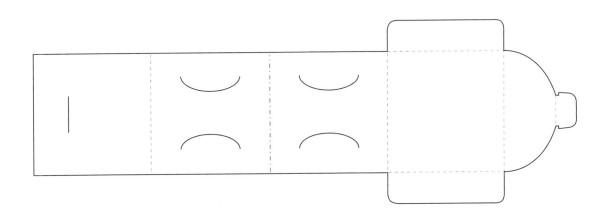

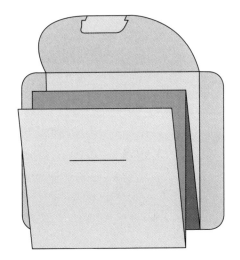

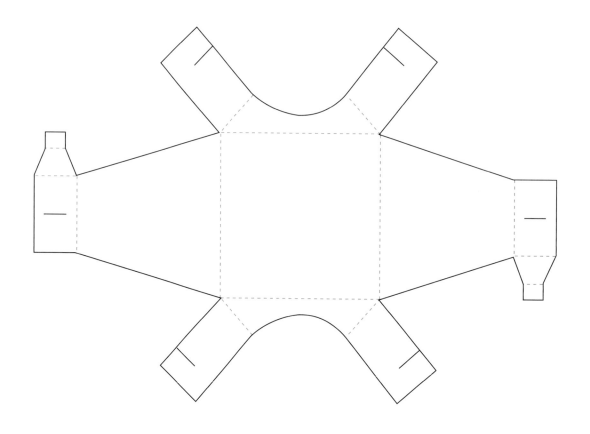

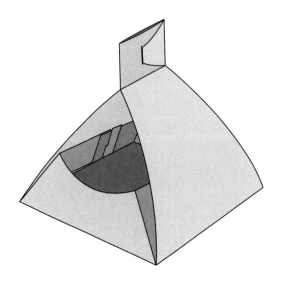

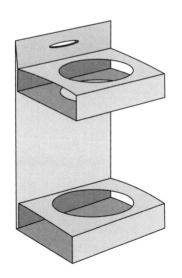

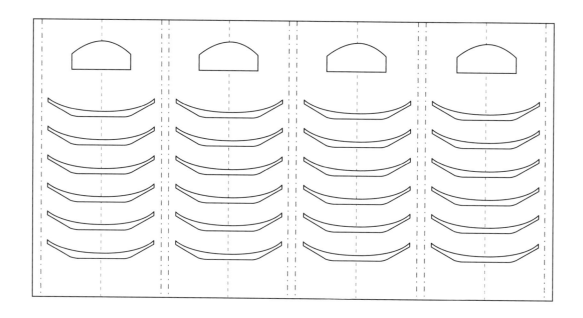

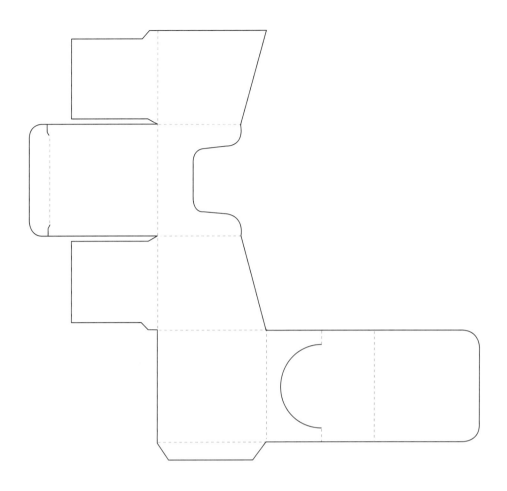

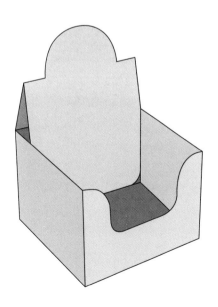

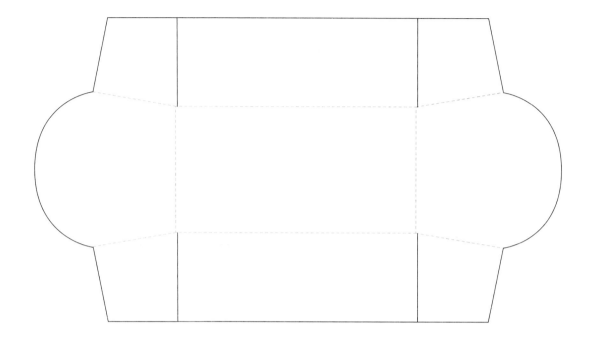

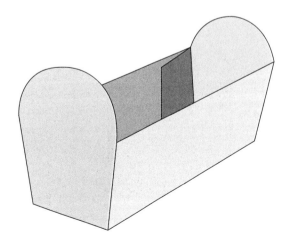

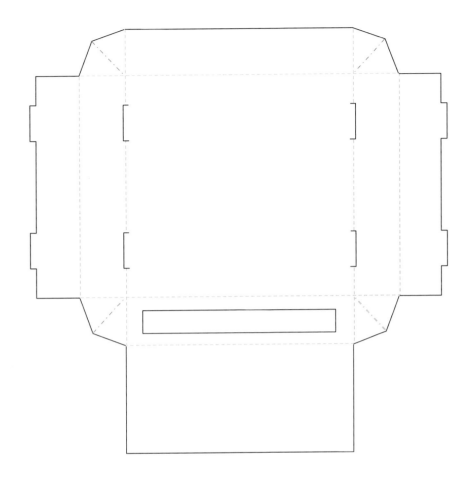

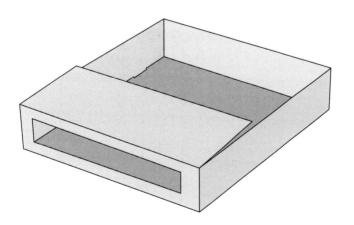

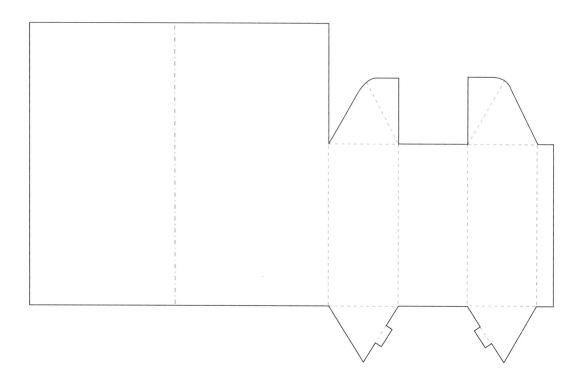

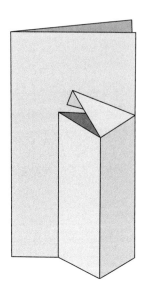

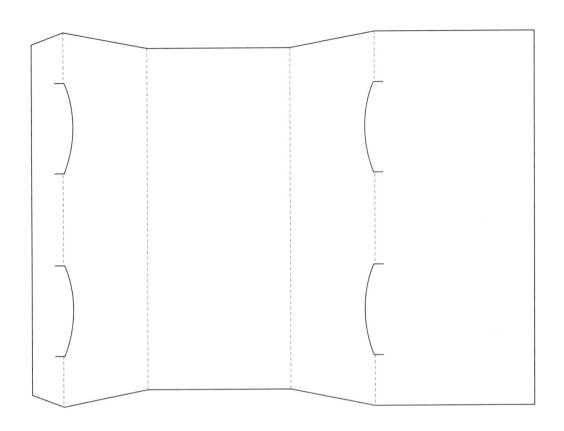

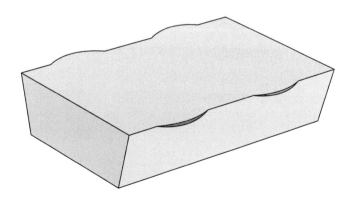

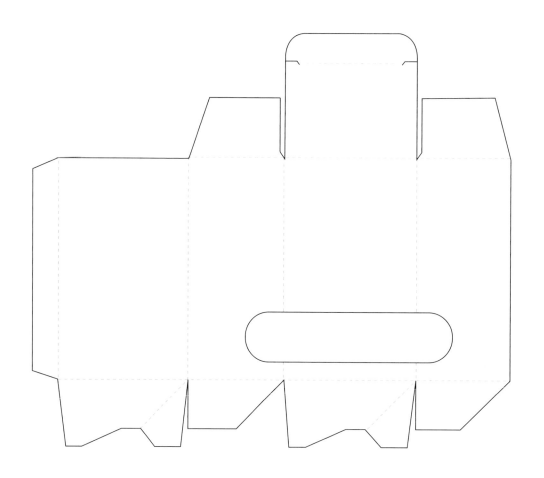

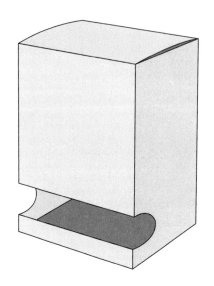

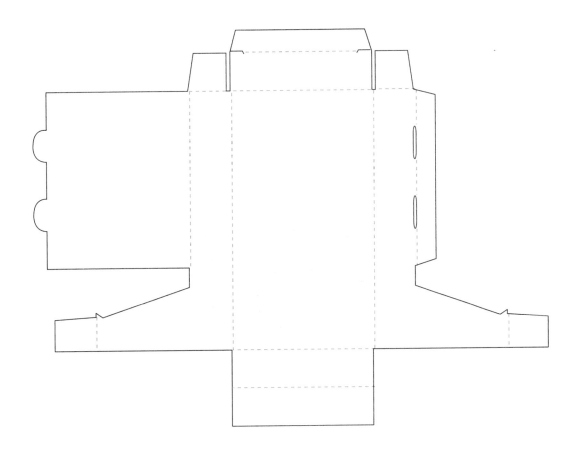

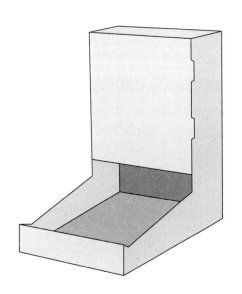

具有搁板结构的纸盒

免费赠送 AI 文件
扫描二维码，登入上海人民美术出版社官网，在课件中下载具有搁板结构的纸盒 AI 文件。

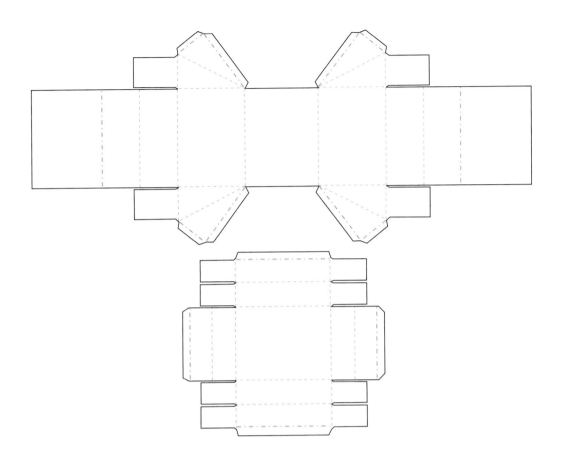

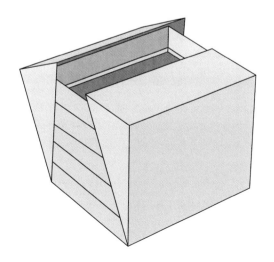

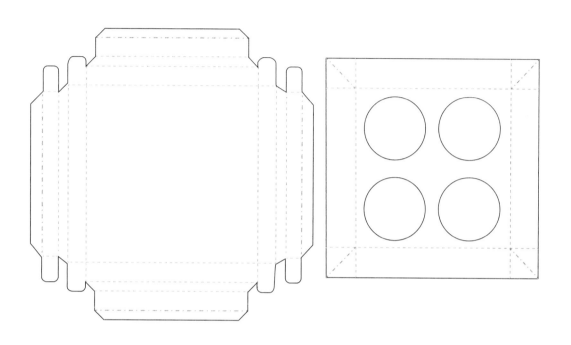

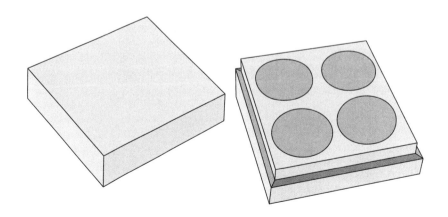

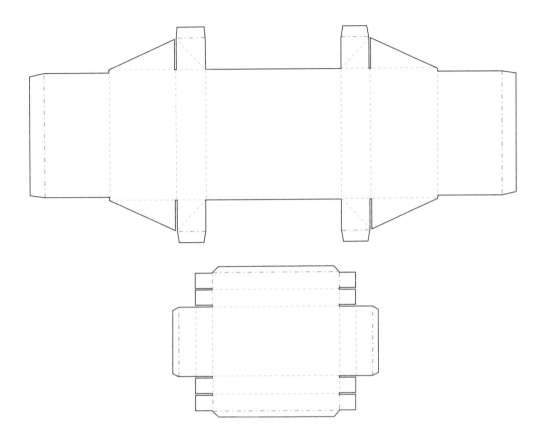

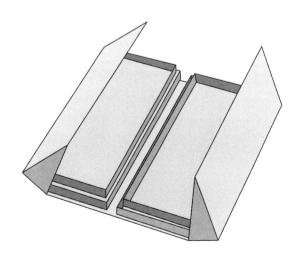

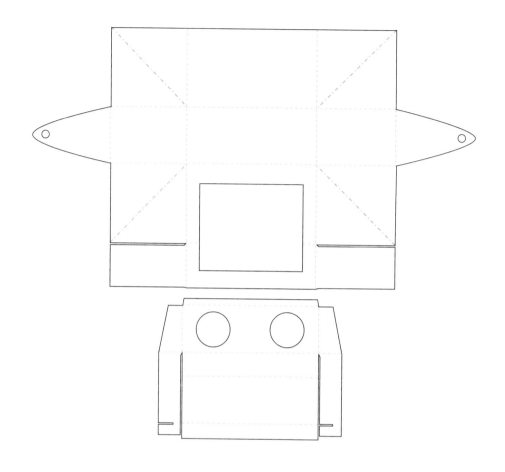

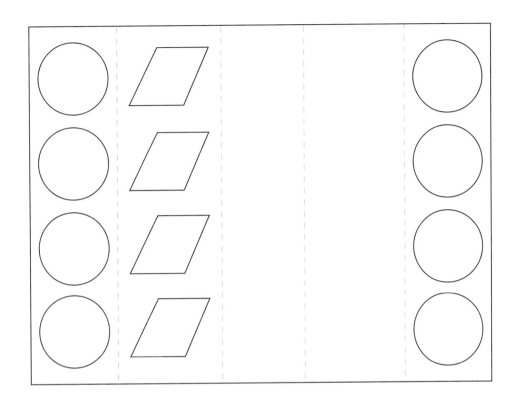

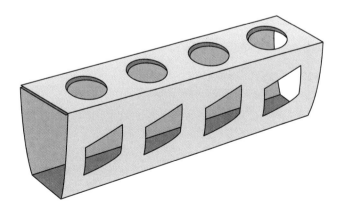

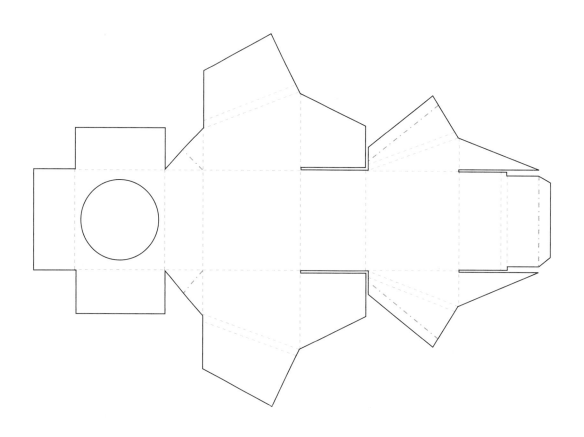

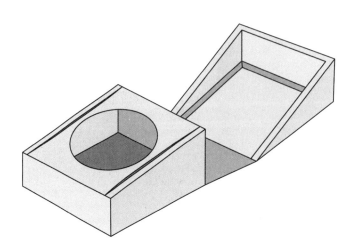

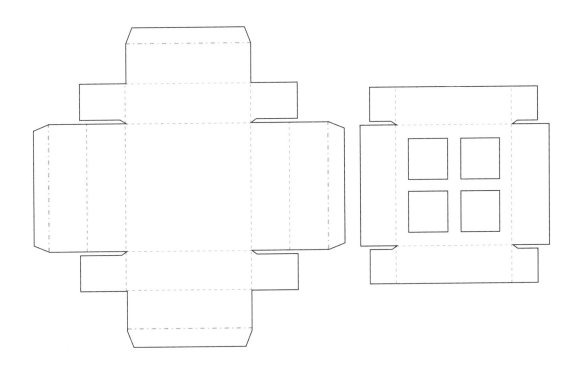

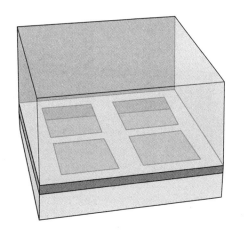

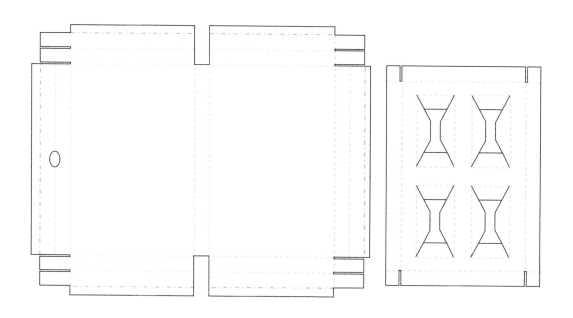

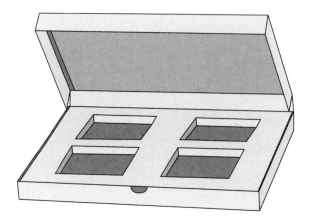

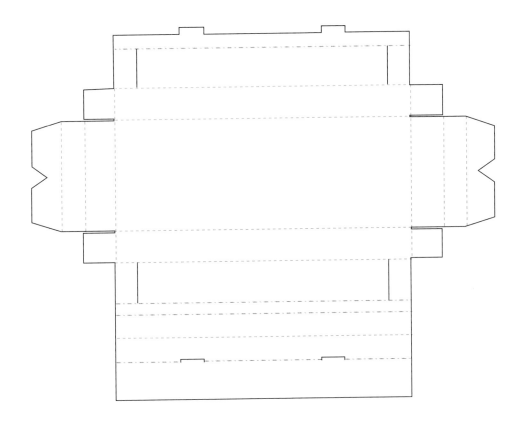

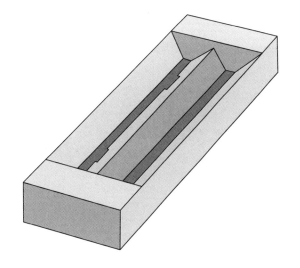

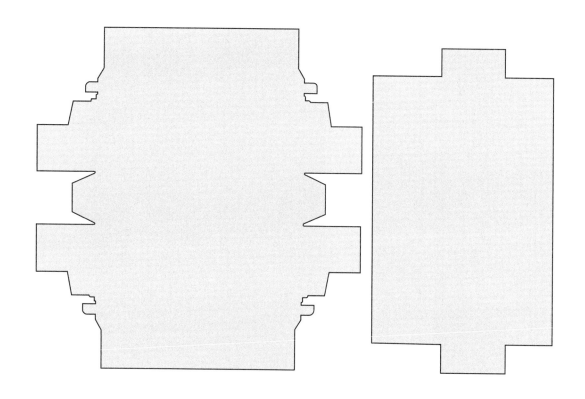

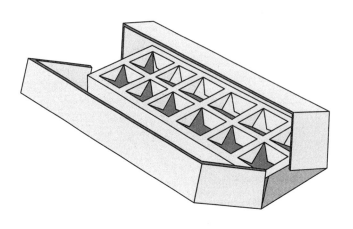

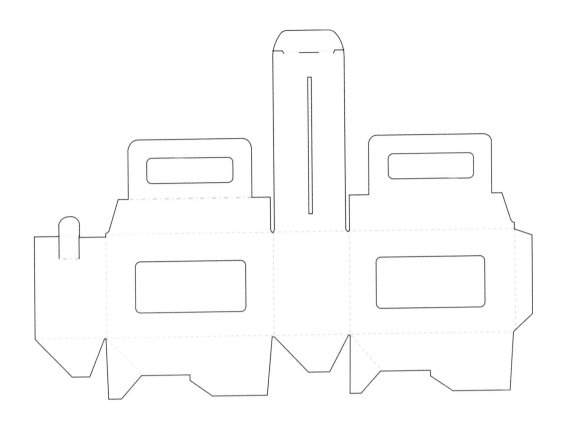

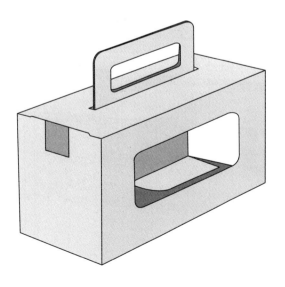

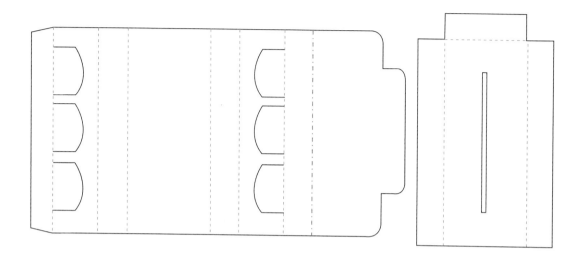

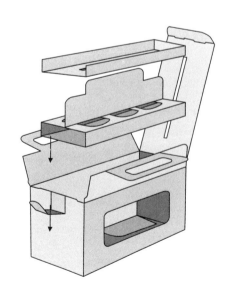

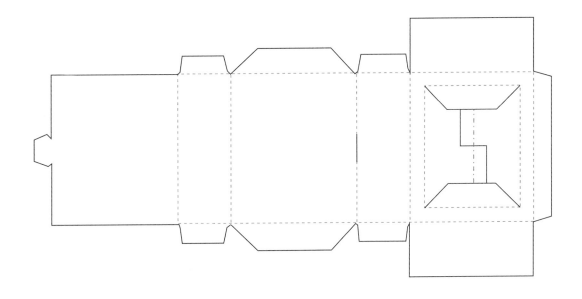

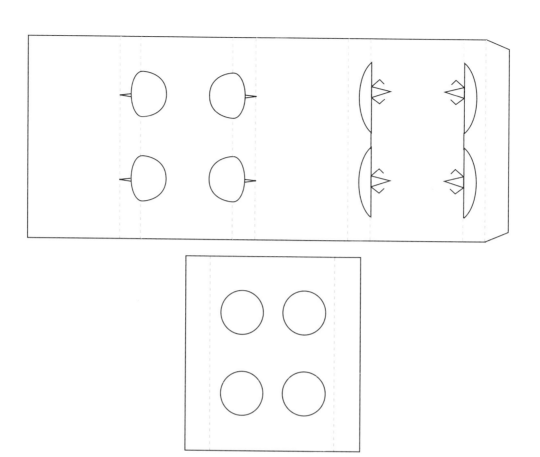

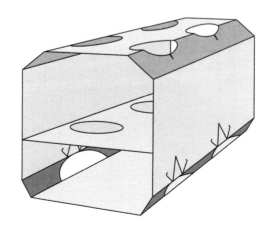

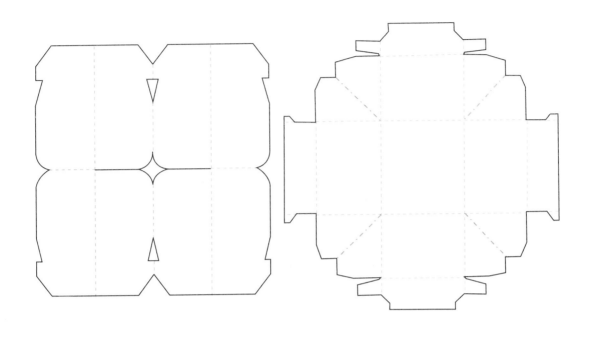

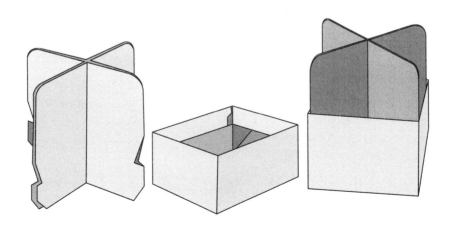

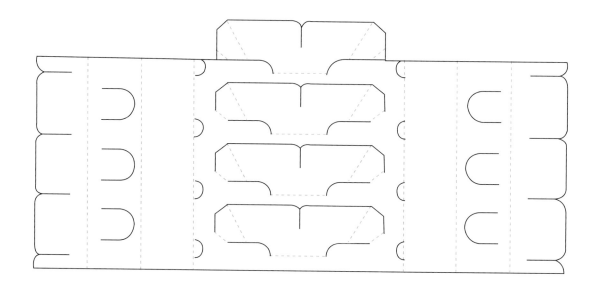

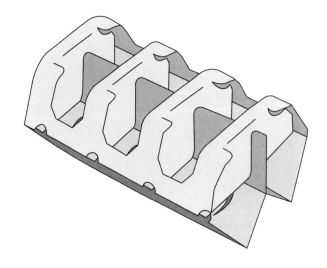

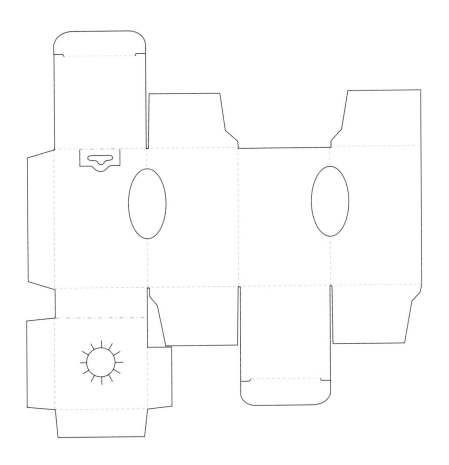

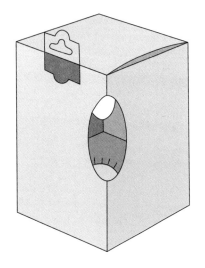

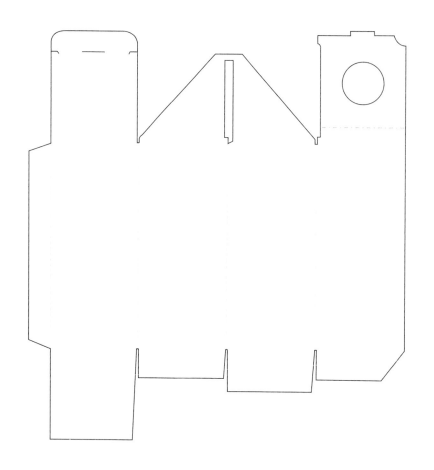

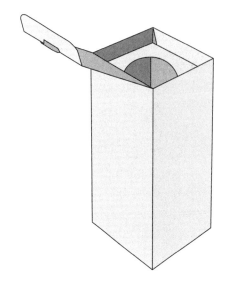

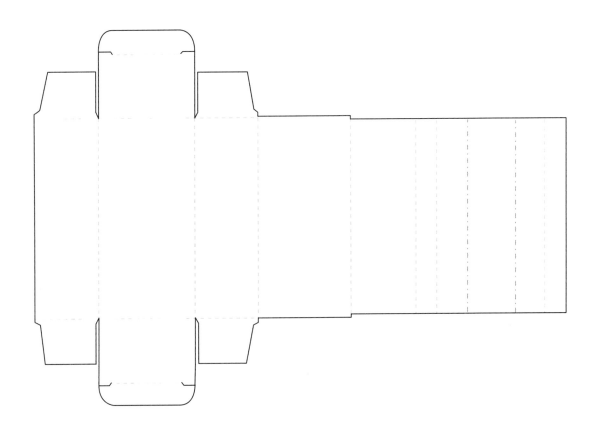

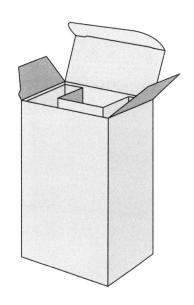

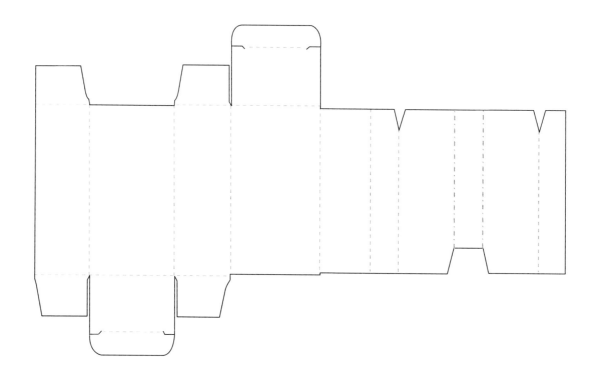

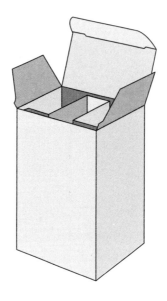

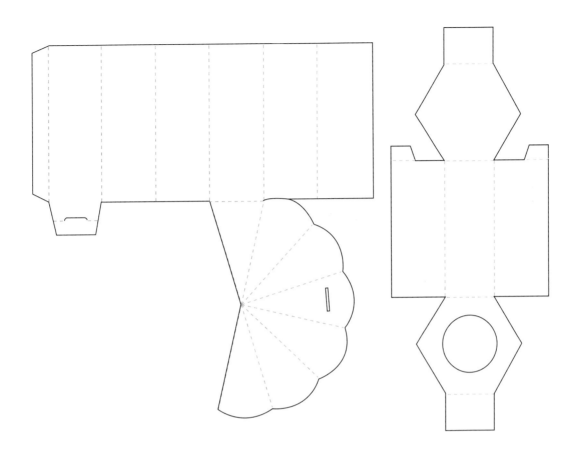

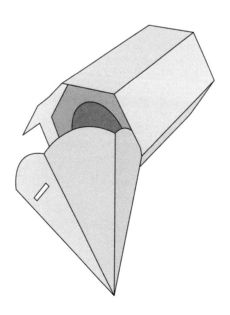

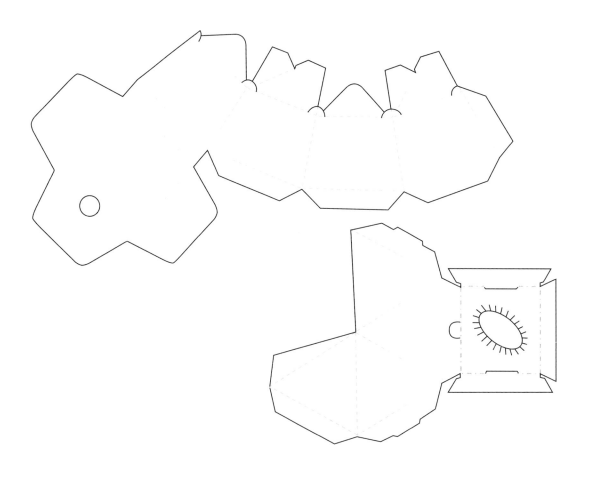

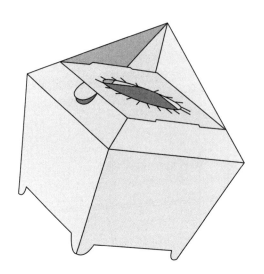

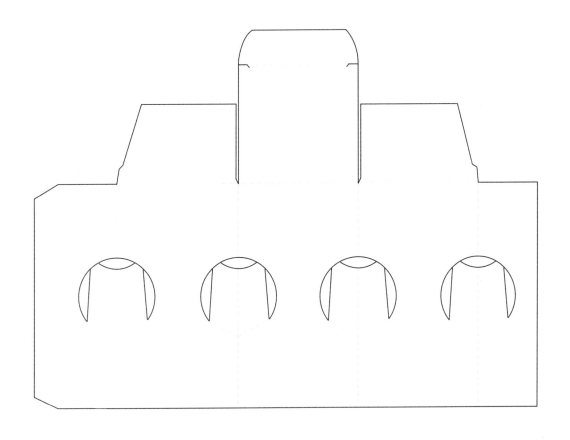

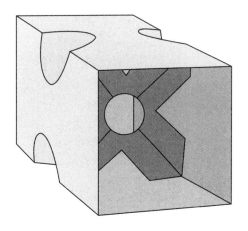

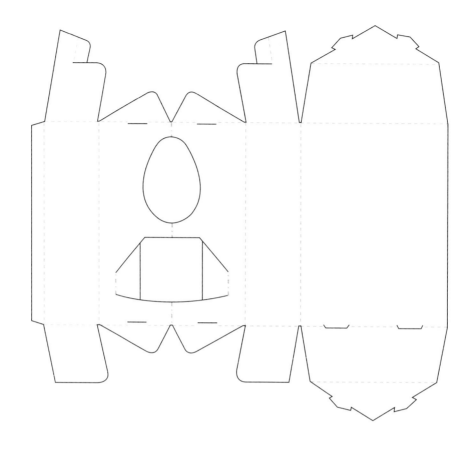

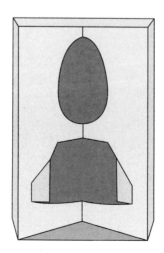

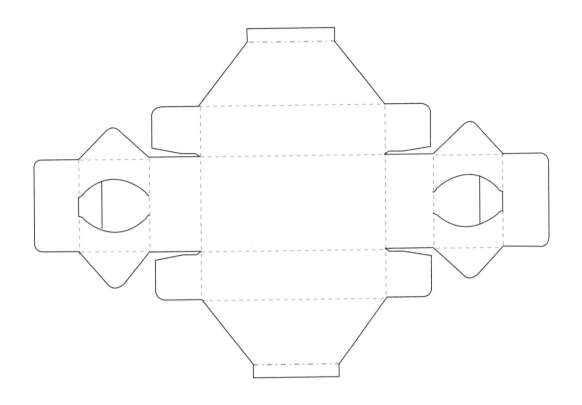

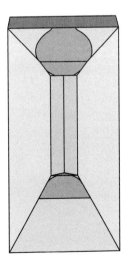

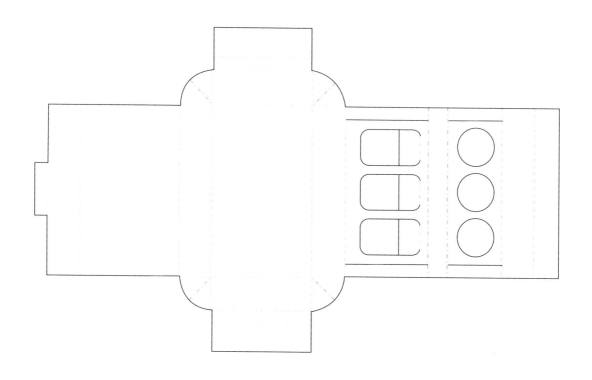

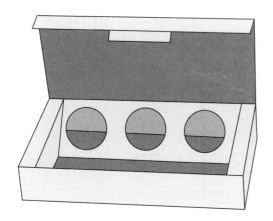

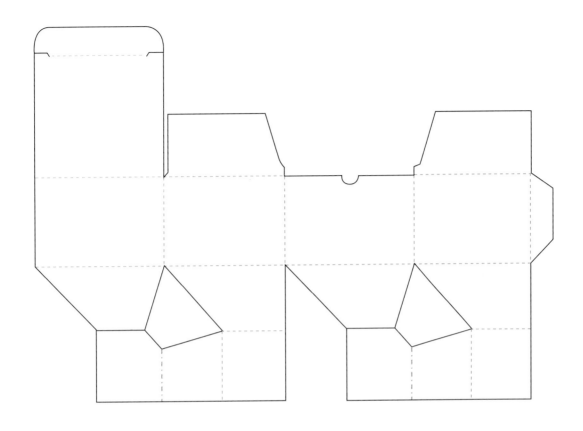

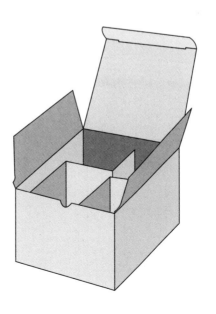

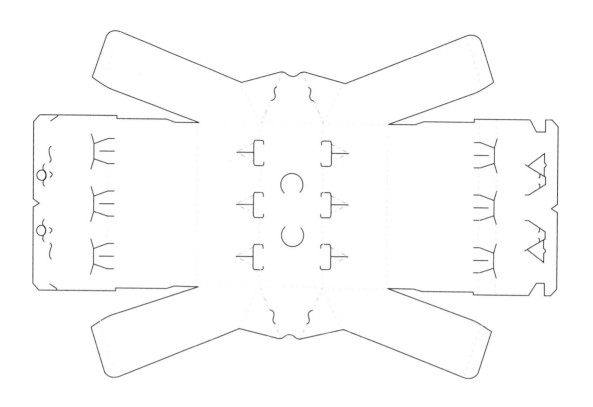

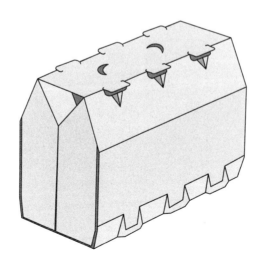

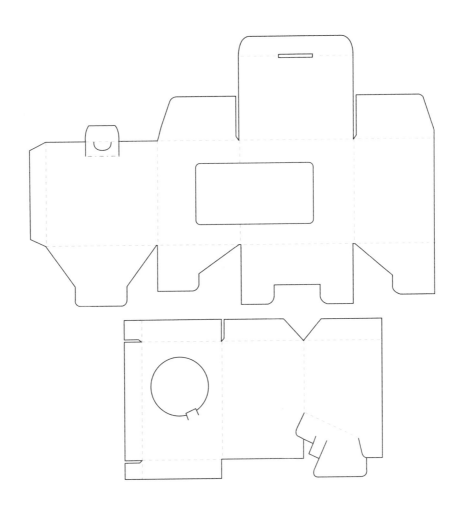

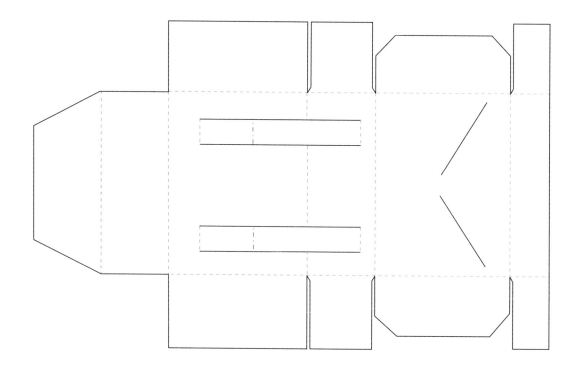

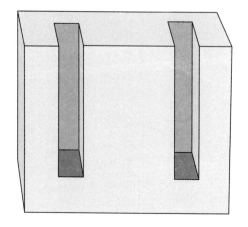

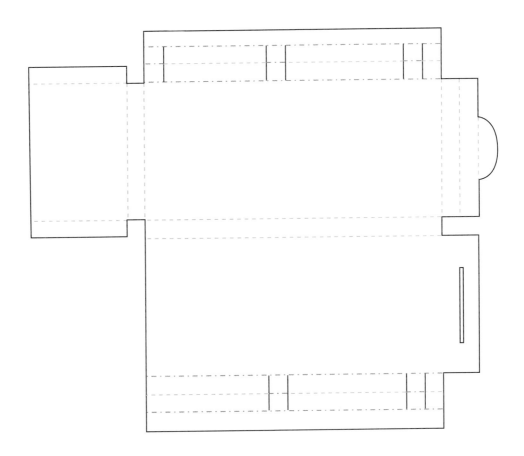

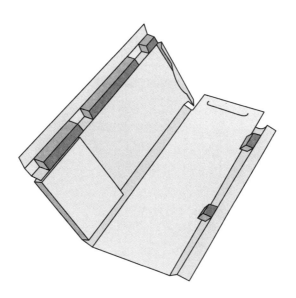

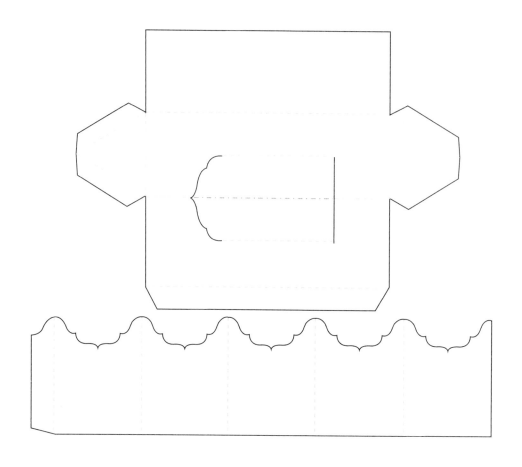

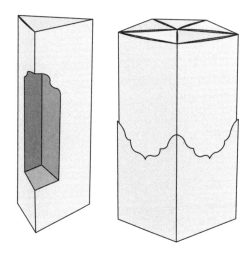

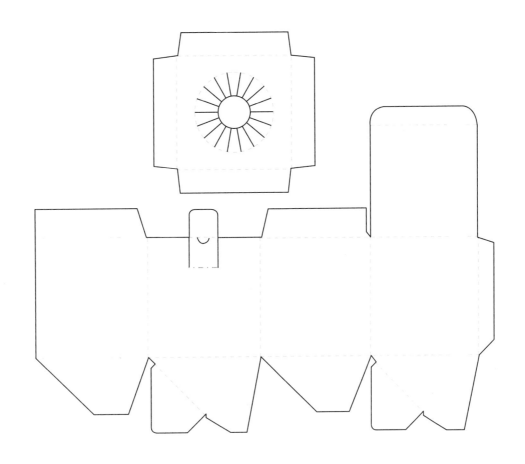

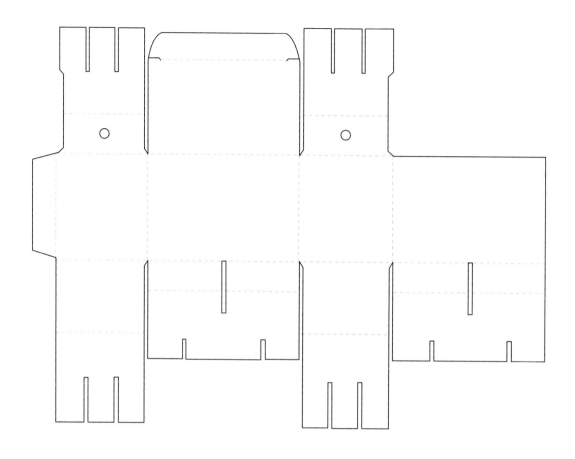

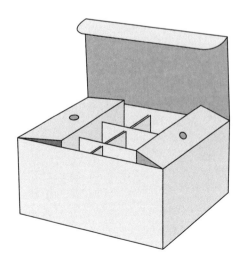

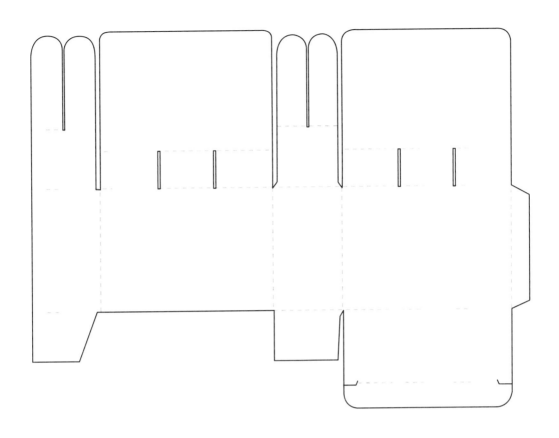

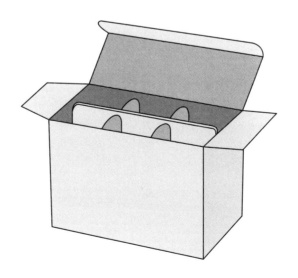

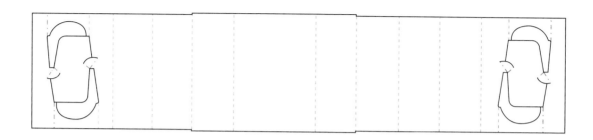

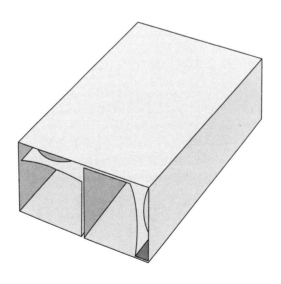

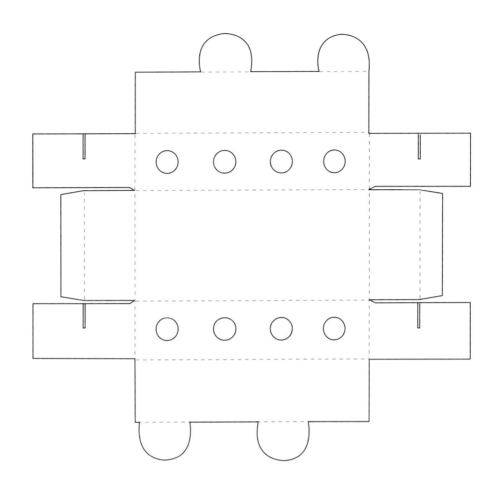

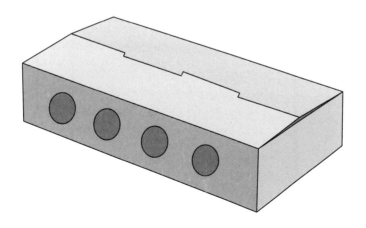

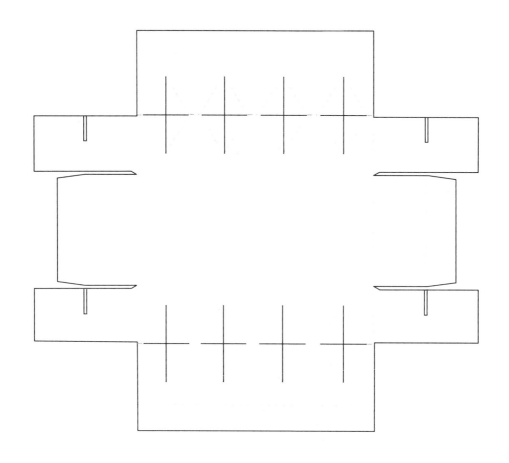

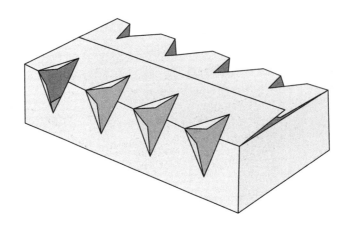

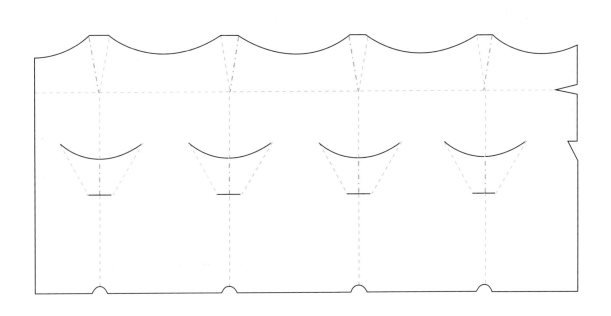

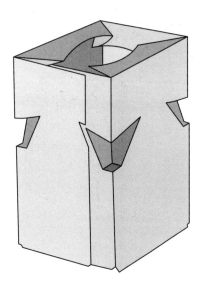

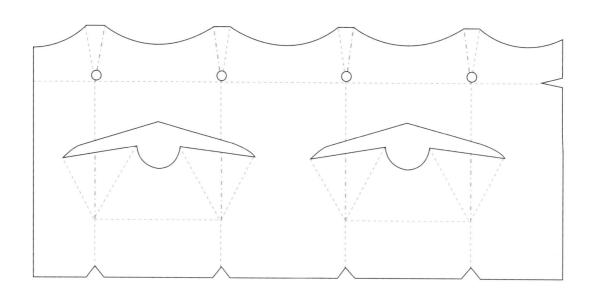

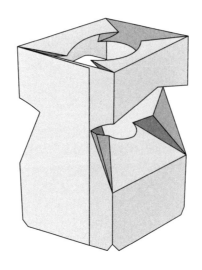

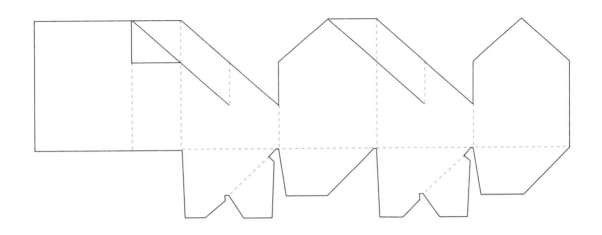

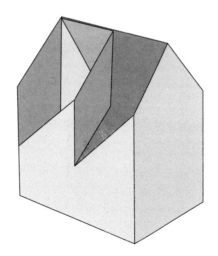

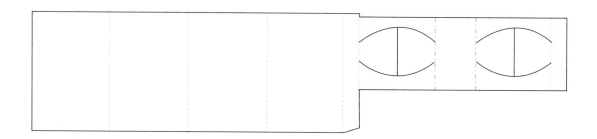

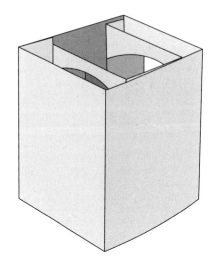

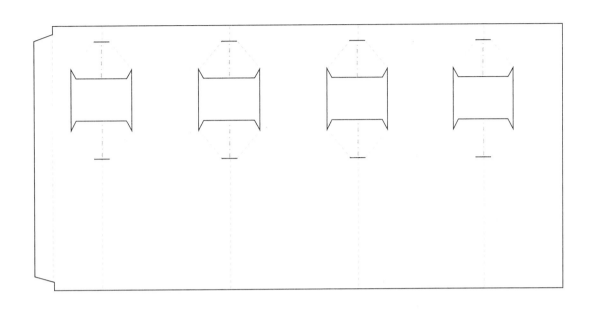

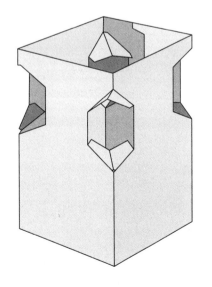

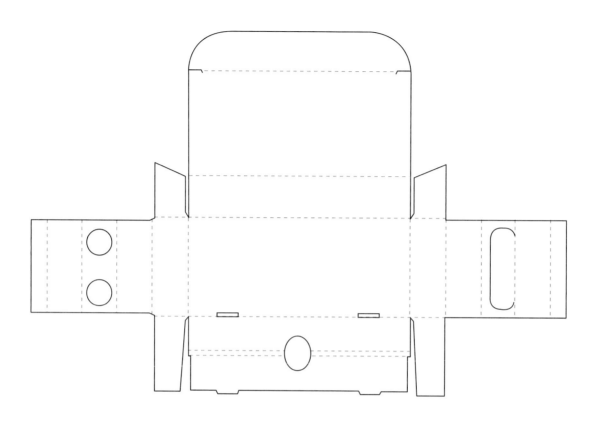

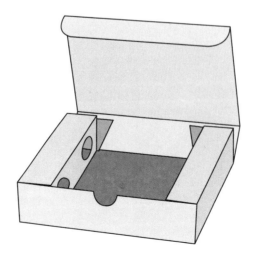

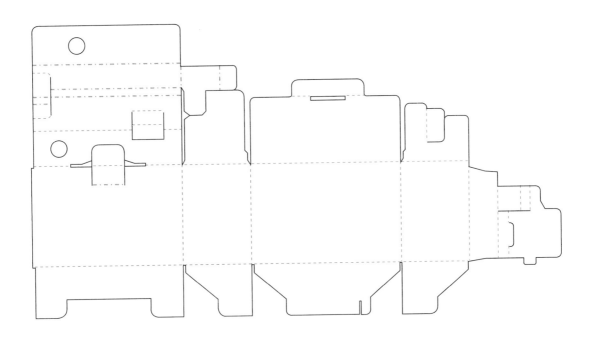

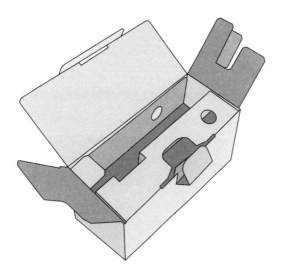

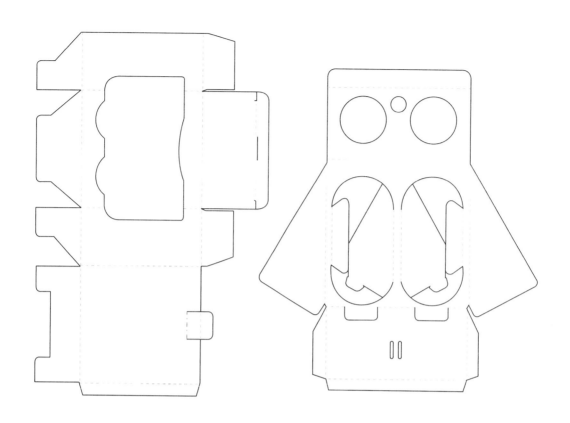

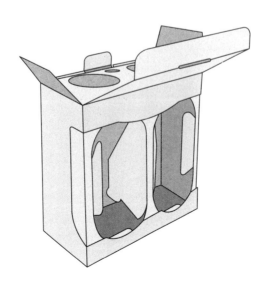

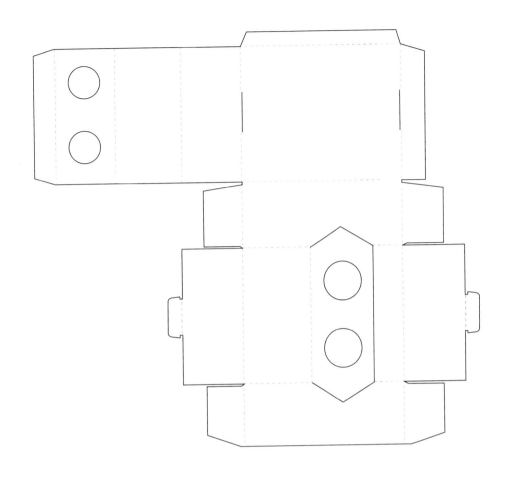

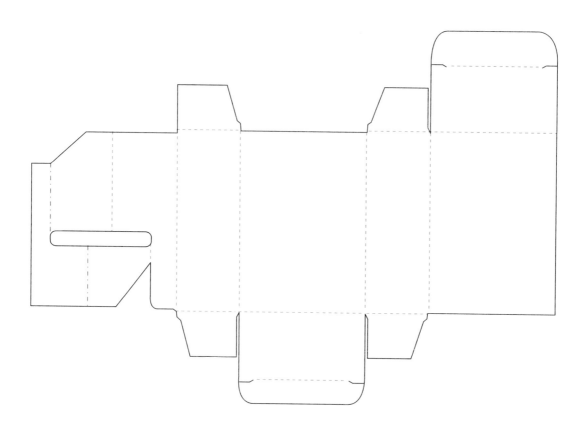

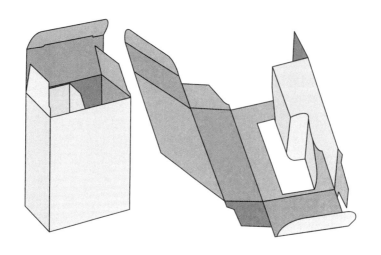

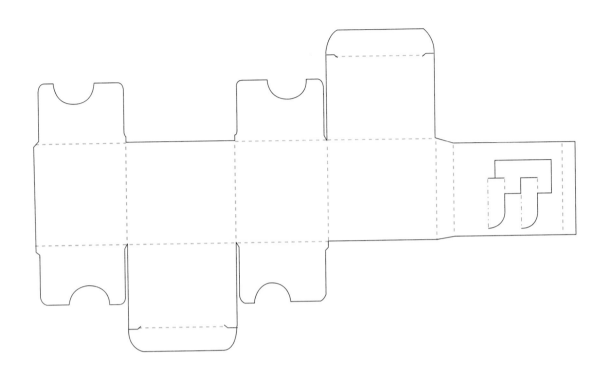

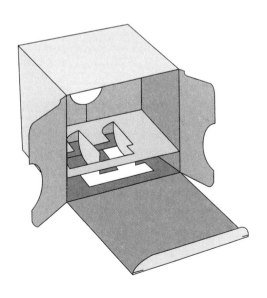

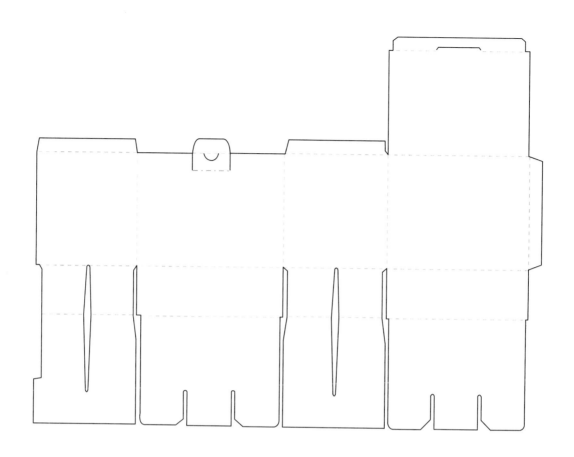

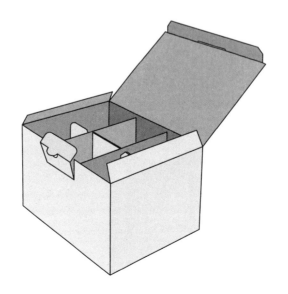

参考目录:

《封装和 p.o.p 结构》(package and p.o.p structures),Dhairya,www.INDEXBOOK.com,2007 年。

《包装设计》第三版,朱国勤、吴飞飞编著,上海人民美术出版社出版,2012 年 1 月。

《包装纸盒 1000 例》,陈金明编著,鄢格译,辽宁科学技术出版社出版,2011 年 1 月。

《包装结构设计大全》,(美)乔治·L. 怀本加、(美)拉斯洛·罗斯著,杨羽译,上海人民美术出版社出版,2006 年 12 月。

《结构包装设计》(STRUCTURAL PACKAGE DESIGNS),佩平出版社(THE PEPIN PRESS),2010 年。

感谢

　　此书在撰写的过程中参考了一些不知名作者的作品，敬请原谅！并感谢你们的作品为此书添加了光彩。

　　另外，此书在撰写过程中得到了我的学生们的支持和帮助，准确地说，如果没有这些学生的参编，我不可能完成此书的撰写。

　　我由衷地感谢以下这些参编的学生：（按姓氏笔画）

　　王颖、冯蔚迩、刘晓瑛、朱红、陈晨、赵珏